全国建筑装饰装修行业培训系列教材

艺术设计造型基础

中国建筑装饰协会培训中心组织编写

金 凯 林建群 李桂文 主编

中国建筑工业出版社

图书在版编目（CIP）数据

艺术设计造型基础/中国建筑装饰协会培训中心组织
编写. —北京：中国建筑工业出版社，2004
（全国建筑装饰装修行业培训系列教材）
ISBN 7-112-06982-3

Ⅰ．艺…　Ⅱ．中…　Ⅲ．①建筑艺术—素描—技法
（美术）—技术培训—教材②建筑艺术—水彩画—技法
（美术）—技术培训—教材　Ⅳ.TU204

中国版本图书馆 CIP 数据核字（2004）第 112905 号

本书作为"全国建筑装饰装修行业培训系列教材"之一，从培养艺术
设计人员的创新能力和设计能力的角度来讲素描和水彩的基本设计理念、
基本设计原理和基本设计表达，重点针对建筑内外环境的艺术设计和室内
装饰设计中的素描和水彩的表达进行了详尽的讲述和介绍，以达到素描、
水彩在建筑空间环境方面实现表达专门化和特色化的训练目的。

本书可作为规划师、建筑师、风景园林设计师、室内设计师及其建造
师的学习教材和设计参考书。

责任编辑：王　梅　刘　江
责任设计：刘向阳
责任校对：刘　梅　王　莉

全国建筑装饰装修行业培训系列教材
艺术设计造型基础
中国建筑装饰协会培训中心组织编写
金　凯　林建群　李桂文　主编
*
中国建筑工业出版社出版、发行（北京西郊百万庄）
新 华 书 店 经 销
北京建筑工业印刷厂印刷
*
开本：787×1092 毫米　1/16　印张：4¾　插页：32　字数：220 千字
2004 年 11 月第一版　2005 年 9 月第二次印刷
印数：3,001—4,500 册　定价：40.00 元
ISBN 7-112-06982-3
TU·6223(12936)

本社网址：http://www.china-abp.com.cn
网上书店：http://www.china-building.com.cn

全国建筑装饰行业培训系列教材
编写委员会

前　言

先进文化中包括先进的艺术。先进的艺术是激发人们聪明才智，培养生产和生活能力，实现自我修养和自我完善，加强全民族的文化素质，加强民族团结的强大的"助推器"和精神支柱。

充分发挥先进艺术的作用是每个艺术创作者和每个艺术接受者共同的社会责任。

具有先进艺术性的城市和建筑是通过城市和建筑室内外空间环境的艺术性创作和艺术性设计来体现的。艺术创造和艺术设计人员只有深入社会生活，与大自然结合，自身具有深厚的艺术表达功底，投身大量的艺术创造工程实践才能创造出具有先进艺术的城市和建筑。

设计素描和水彩设计是艺术设计和创新艺术的造型基础，本书是从培养艺术设计人员的创新能力和设计能力的角度来讲明素描和水彩的基本设计理念、基本设计原理和基本设计表达，这是本书的特色之一。本书特色之二是侧重对建筑内外环境的艺术设计和室内装饰设计中的素描和水彩的表达作详尽的讲述和介绍。从而达到素描、水彩在建筑空间环境方面实现表达专门化和特色化的训练和培养之目的。

本书编著人员还有马辉、程新宇两位同志。

本书可作为规划师、建筑师、风景园林设计师、室内设计师及其建造师的学习教材和设计参考书。

由于编著时间紧促，文中恐有不妥之处，敬请广大读者提出宝贵意见。

李桂文

2004 年 10 月

目 录

设 计 素 描

色 彩 设 计

设计素描

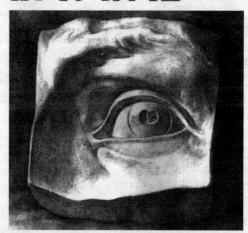

第一章　设计素描的概念

第一节　设 计 素 描

设计素描，首先解决它的语义问题。

1. "设计"在当代造型艺术领域和人们的日常生活中出现的频率越来越高了。"设计"中文的一词常常与世界通用的英文"design"相对应，或者被看作后者的意译。"设计"在日本语辞典译为（设计、计画、企画、图案、造型）。"design"词源可以追溯到拉丁语的"designare"，这个拉丁词的基本意思是"徽章、记号"的意思。实际设计的本来意思是"通过符号把构思表示出来"形成视觉图像，达到艺术创作要求的视觉效果。

2. "素描"一词从英文"drawing"翻译过来的，在汉语中解释为：素描是用线条表现对象的艺术。素描与线有关，素描强调线的构成及线性的发展。线是素描的元素，素描是绘画的开始也是基础（图 1-1-1）。画素描是造型艺术的基础，是通向其他艺术门类的桥梁。

3. "设计素描"，这一概念的形成是随人类历史发展而发展的，是设计者设计意识的体现。它侧重理性思维和设计的实用性，追求完美的图形效果和具体的应用功能。设计素描源于人大脑的思维意识，是设计理念和联想符号的再现，是对自然物象的重新诠释。

设计素描是通过设计者对所设计的对象进行科学的构思、分析、整理、归纳，并通过素描手段在平面纸上对物体进行刻画、塑造、表现的一种设计过程；是设计师在创作过程之中思维符号的体现的结果；是人们设计、创造精神物质造型过程中的表现形式；是与人们生活息息相关的一门

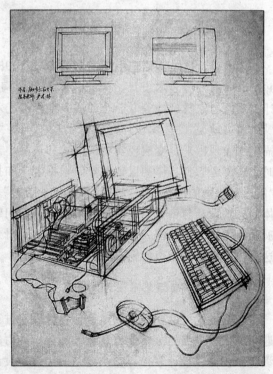

严忠林

图 1-1-1　表现工业产品的结构素描

科学；是对思维的表现和对结果再创作的过程；是对设计的不断加深理解、修改认识的过程；也是对构思的结果重新审视、调整、推敲和再塑造的过程。

总之，设计素描是以逻辑思维做基础，形象思维为主导的表现形式。创作内容意在合

理性、个性化地表现风格，是逻辑思维和形象思维完美结合的体现。

第二节　设计素描的表现形式

设计素描是艺术设计的基础。它是以目的性的表现技能为前提，是艺术设计的一种表现形式，体现设计者的创作思维和艺术特性。设计素描以逻辑思维作基础，以科学思维为标志，在表现对象过程中有时需要数据分析、运算、推理、透视、剖析等手段，最终通过视觉形象表现出来，并以不断地调整、完善、深入刻画创作内容为特征。设计素描不仅记录了创作思维的过程，还根据设计构思来调整创作方式。而它的创作思维的目的性，是以科学性、艺术性为创作前提，合理化、人性化为宗旨。

设计素描要求设计者构思之初注重"过程"的制作和表现，在不断推翻与再创造的过程中，更新设计理念，来对设计者创作思维和意识进行培养。设计素描是以设计思维为核心的表现形式。

第三节　设计素描在艺术设计中的作用

一、艺术设计

艺术设计这个术语，由国家教育部于 1998 年在制订高校专业新目录时正式提出来，并把以前的环境艺术设计、染织艺术设计、陶瓷艺术设计、装潢艺术设计、装饰艺术设计、室内与家具设计等专业合并成一个，即艺术设计。

通俗地说，"艺术设计"就是"艺术"的"设计"，一般是通过人们的思维构想利用素描形式表现出来，变成现实中的图式和造型。艺术设计带有审美性与实用性的双重性，同时，还要考虑到具体的设计对象。根据生产和技术条件制作技艺的可行性，它还是为生产"制造"所做的准备。只有理解"设计—制造"的全过程，才是造物艺术的最终完成。具体的艺术设计与创作的完整过程包括：分析问题、提出概念、设计构思、解决问题、设计展开、优化方案、深入设计、模型制作、设计制图、编制报告、设计展示、综合评价等。这是艺术设计与创作的完整过程。

二、设计素描与艺术设计的关系

艺术设计人员要想有效地综合各种因素进行成功的设计，那么他首先要具备的是对问题、事物和物品的分析能力。设计师分析能力的提高是通过设计素描和设计分析等方面的训练来获得。设计素描，它主要强调通过对设计对象结构的绘制来认识设计对象的形体的构造方式；通过对设计对象外观形状的观察，来推断出设计对象的内部结构，从而加深对形体结构的理解。设计素描是形体创造与设计的基础。从设计角度来讲，设计素描的表现特征是一种思维活动的表现，这种活动的表现是通过素描形式来完成的。在对思维活动中产生的物象运用线条进行规划、设计、定位和表现的前提下，对其物象的自述形态进行塑造，建立起一幅较为完整的设计素描造型。它通过对构想对象的分析、理性的归纳，综合和概括使之符合造型规律，并对物象的内外结构、立体空间、通过透视关系加以分解、调整，使之趋于科学性和艺术性（图 1-3-1～图 1-3-2）。

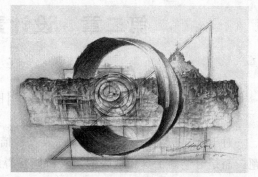

金凯

金凯

图 1-3-1　以铅笔表现为主的设计素描作品　　　图 1-3-2　以铅笔表现为主的设计素描作品

设计素描是以设计造型为目的，运用造型技法根据艺术设计构想来表现画面。从构思到刻画成型始终是围绕着艺术设计的结果进行的，并以培养创造性的思维为出发点。

三、设计素描在艺术设计中的作用

在艺术美学范围内，以工业设计为中心和主要部分的现代设计，它在今天的实际使用中也常被称为艺术设计。艺术设计具有物质的与精神的、实用的与审美的双重属性。艺术设计与制作，是通过有形的物质材料与生产技术、工艺进行造物的物质生产，同时又反映出造物审美趣味、审美情感、审美观念与审美理想。因而它是一种物质生产活动，也是一种精神活动，它既是实用的，又是审美的。

设计素描教育的目标是培养和发展学生的形象思维能力，使学生具有对物象、形象的敏感性，善于将自己丰富的主观情感转化为一个完整的艺术形象。而技术教育的目标是使学生能够掌握一定的技术知识，然后在此基础上进行工作。前者重形象思维，后者重逻辑思维。而艺术设计教育是训练学生的设计思维，可以说设计思维是形象思维与逻辑思维的整合。艺术设计人员要想有效地综合各种因素进行成功的设计，那么他首先应具备的是对问题、事物和物品的分析能力。设计师的分析能力的提高，主要是通过设计素描，设计速写和设计分析等方面的训练来获得。设计素描，它主要强调通过对物品结构的绘制，来认识该物品形体的构造方式；通过对物体外观形状的观察，来推断出物品的内部结构，从而加深对形体结构的理解。这是形体创造与设计的基础，使设计素描在艺术创新中起到连接作用。

第二章　设计素描的基本要素

第一节　明暗调子的实验

对于素描初学者来说，一开始学习素描所面临的问题，也许并不是绘画的艺术性问题，而是对绘画工具和纸张的实验所能获得的那种自由表现的绘画感觉。这是一种从童年的记忆中才可以找到的，至今难以忘怀的在纸上涂抹的经验。这种无意识的工具操作，就是我们学习素描绘画的最重要的潜意识。每一种绘画的活动都来自我们无意识的制作笔触，如：深浅、轻重、虚实之变化不可胜数，绝无一处相同，所反应出的微妙的明暗层次，便是我们经常讲到的明暗关系（明暗调子）。对于明暗的作用远不止此。明暗不是简单、被动地照抄对象，而是在特定光照条件下对形体的视觉领悟和创造性表现。

这种明暗关系的实验目的就是为了帮助我们实现认识上的转变，激发其绘画意识和造型意识。这种实验探讨其实就是对抽象性形式艺术的认识。这种绘画的活动，来自于自我无意识的制作笔触，并不是为了表现具体的事物，它的最终结果只是一个无特定意义的、由明暗和形状在画面上组成的构图。这种抽象的绘画活动正是现代绘画艺术的一个重要的元素，是为今后形成自我造型艺术的风格的重要一步，也是为今后学习造型艺术作铺垫（图 2-1-1～图 2-1-3）。

图 2-1-1　　　　　金凯　　　　　　　　　　图 2-1-2　　　　　金凯

一、绘画媒介的自由练习

对于初学者而言，学习绘画活动的本质是一种纸面上的练习。绘画者必须掌握与运用各种绘画媒介的特有性能与效应，做到得心应手、挥写自如，在纸面上留下涂抹的痕迹。所谓的涂抹，只是相对设计的造型而言，它是无意识的。当练习者逐渐明白了明暗、对

　　以线的穿插、面的组合构成的素描作品，画面主要借用抽象元素表达黑白灰关系，线的穿插可以增强透视感，面的深浅可以拉大空间距离。

图 2-1-3

金凯

比、形体、线条的存在，并有意在画面上去组织它们，这时便转化为一种创造的绘画过程。这种实验与创造所采用的基本媒介工具材料主要是铅笔、炭笔、炭精条、擦笔、画纸、橡皮。当工具材料与练习者的技巧、审美取向等因素相融合时，方有精彩可言。

　　实验练习的目的是掌握在纸面上制作明暗面的方法。主要有排线法、揉擦法、遮挡法、抹去法。

　　排线法：通常是用线条的轻重和疏密组成各种明暗面来表现的。

　　揉擦法：用擦笔、手指或者棉球等工具揉到纸面上去，通过揉擦法制作明暗面。

　　遮挡法：用剪成特定形状的纸样将画面上的某一部分遮挡起来，再将遮挡部分的边缘用揉擦法进行效果制作。

　　抹去法：是在画面上用软橡皮擦去部分而形成各种形状，可以得到形状的负形。

　　学习制作技术的另外一个重要方面是对明暗色调的有效控制，通过对亮面（白）、灰面（灰）、暗面（黑）的调整，产生实与虚、强与弱、深与淡等对比关系。掌握这些规律，可以使纸面上产生更富有艺术感的视觉效果。

　　这个阶段，练习者应该把注意力放在工具和纸的特性、操作方法和纸面上产生的视觉效果上，同时还要注意不同技法相互交融为一体的表现作用。强化对形式的认识，这也正体现出我们在童年时期所具有的对形式的直接感知和对事物的认知。这种童时对事物的感知，正是我们进行绘画活动所要强化的一种现代艺术的重要的元素（图 2-1-4）。

排线法

揉擦法

遮盖法

抹去法

以综合方法表现的素描静物，画面中的各种材质都是利用不同的方法表现出来的，十分逼真。

图 2-1-4   吴晓宇

二、创意性抽象表达练习

　　前面的绘画媒介的自由练习只是间接地接触到形式的问题，接下来第二个作业要求练习者从一些照片资料及实物材质的肌理中积极寻找有趣味的构图关系，其目的是启发练习者对形式的抽象性的认识，提高发现和欣赏抽象形式规律的能力，同时通过空虚练习来巩固制作明暗层次的能力及对抽象构图的视觉秩序的认识能力（图 2-1-5）。

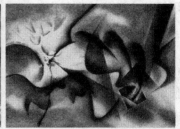

图 2-1-5

这种创意性抽象构图的表达，是脑与手协调的创造过程，是设计创新中最初的思维活动。它从本质来讲是一种创造性的思维活动，是设计思维从无序化到有序化，从模糊的思维意识到逐步清晰、明朗化的过渡阶段。实际上属于设计创造的萌芽阶段，是从朦胧、模糊、千头万绪的思维符号中找到一个比较清楚的答案。从表达方面，它的表达构思方式和风格是多样化的。可以通过线条的明暗、节奏、韵律、结构、形体来塑造，侧重思维表达的多样性、表现形式个性化，是创造力和想象力的再现（图2-1-6）。

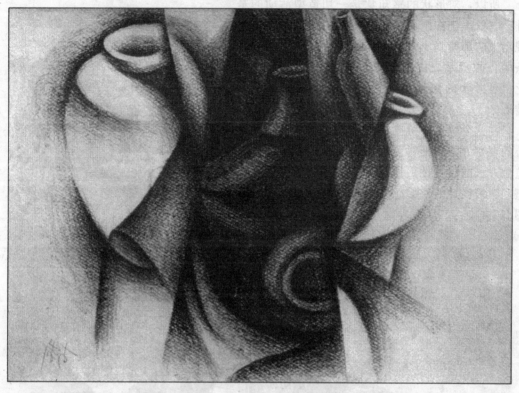

将客观物体重新组合，打破现实时空界限，巧妙地处理好黑、白、灰关系，在具象形态中发现优美的抽象形态，并形成良好的韵律和节奏。

图 2-1-6

本单元练习的目的是引入对抽象构图的视觉秩序的认识，同时也是对练习者所掌握的有关绘图技巧的检验。这个秩序是在探索的过程中逐步发现、创造的结果。

第二节 形状的构成方法

造型艺术又叫视觉艺术，它是仅为眼睛而存在的。造型艺术的语言媒介——形状，主要通过视觉感知。因为视觉不是照相，也不是机械、简单地复制和记录外部物象，而是伴随着有机的心理感受活动进行的。视觉效果如何，取决于外部物象的可感性和可视性，并同视知觉内部生理、心理方面的联系与配合关系极大。

外部客观世界形状虽然多不胜数，但其本质规律和共性特征是不难找到的。

点、线、面、体是构成形状的四要素，点的移动成为线，点的集合和线的密排便成为面，任何形状一般多为轮廓线条显现。艺术造型的基本线条形式有四种：直线、曲线、间断线、粗细变化的线。

形状是对象的外轮廓，是眼睛所能把握的对象的基本特征之一。而物体的真实形状是由它的基本空间结构构成的，观看物体形状时，往往联想起物体的整体结构，所以物体的内部形状也是视觉所把握的。它不限于外轮廓边界线和二度平面，其内部形状将通过概念唤起的回忆想象出来。但实际上这线并不存在，在三度空间里它只是物体的面的转折。

所以，对形状的感知觉是一切造型活动的基础，它取决于在画面中所使用的能够从背景中突现出来的那些基本条件，如明暗值的对比或者线条围合的提示。由于图形和背景相互关系的变化，对形状的知觉呈现正形和负形两种不同的情形。

在这个练习中所要解决的是实现从正形为中心的观察方法到把对正负形状的观察发展成一种造型方法的可能性。正负形的知觉是现代视觉造型和建筑设计的重要感知觉基础之一（图 2-2-1～图 2-2-4）。

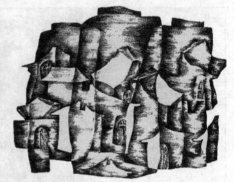

侯放

图 2-2-1 注重形态平面空间组合变化的素描作品

相同结构的纸箱，处于不同角度和位置，所呈现出来的形态关系不同，带给我们视觉感受也不同，每个面由于光影的作用所呈现出不同形状的黑、白、灰关系，这些光影的明暗形态具有抽象形态的特质。

图 2-2-2　　［德国］卡尔·海因茨·舍林

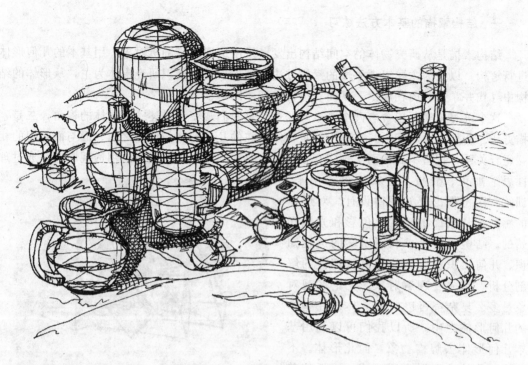

　　以线造型为主的结构素描，主要是对形体的内部结构进行研究。通过穿透画法和辅助线的使用，将每一形体的形状、体积及透视准确无误地表现出来。

图 2-2-3

张京红

　　以表现光影为主的调子素描，注重黑、白、灰的表现，运用黑、白、灰强对比的关系，表现物体自身的体积感及前后空间位置关系。

图 2-2-4

一、结构素描的基本方法练习

结构素描是从研究物体的空间结构出发，采用透视理论剖析对象，用基本的几何形体进行解构，以线为主要表现手段的素描方法。结构素描以认识研究形体为主，从形体的结构中寻找并掌握其内在规律，从而获得再造形体的本领。

这个练习中实际包含着两个基本问题：一是我们观察和描述一个物体的视角，二是素描方法。所谓视角的问题，首先应注重物体内在的几何形体与形体之间、面与面之间的相互组合关系，把看不到的而又现实存在或虚拟存在的结构组合线，运用透视原理，通过理性思维加工、分析、想象而再现出来。训练方法可根据感知规律设计。对形体的感受是从表面的形状、色彩和光影开始的。结构素描要求利用所学的透视知识、几何知识对形体结构进行理性的解剖分析。首先要理解对象，无论客观对象是多么复杂都可以归纳并体现在基本的几何形体之中。所以我们可以利用基本几何形体去解构物象，简化形体。不要被对象的表面形态所迷惑，要抓住其本质，要有意识地将对象的局部形体解构为抽象的球体、圆柱体、圆锥体和立方体等基本几何形体，进行创作练习（图 2-2-5～图 2-2-10）。

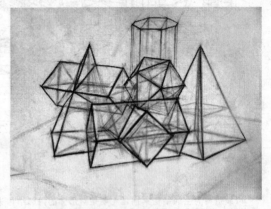

一组以线造型为主的结构素描几何形体。形体各个面及内部透视变化靠线的粗细、浓淡来表现。物体前后空间位置表达的十分精准，符合透视变化规律。

图 2-2-5

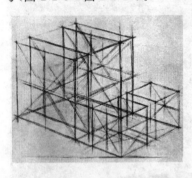

确定形体的结构透视关系，以直线型辅助线确定形体的空间位置。

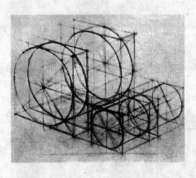

在大的结构关系上画出细部的曲线形态，其透视关系要符合大的结构透视关系。

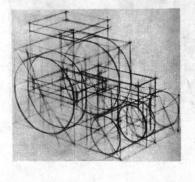

将大形体的结构进一步细化，使大形体上的小形体的结构透视关系仍符合大形体结构透视关系。

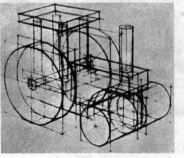

最终将形体的内外所有细部结构一一表现出来，绘制过程的辅助线依旧保留。

图 2-2-6 　　　　　　　　　　［瑞士］巴塞尔设计学校

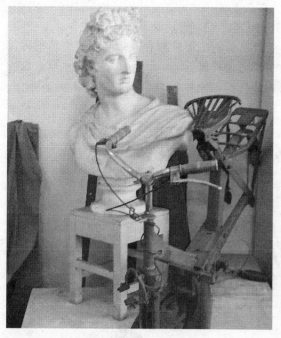

图 2-2-7

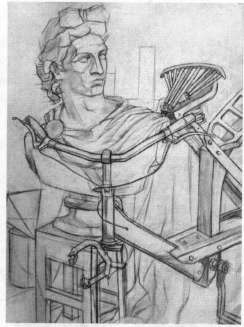

图 2-2-8

图 2-2-9

图 2-2-10

　　两组复杂形态组合实物与结构素描的对照。复杂的形态依旧可以从结构表现角度来研究形体关系，注意形体的自身结构及形体与形体之间的位置关系。

二、正负形状的互动关系练习

任何"正形"都是由正形和负形两部分组成。要使正形感到存在，必然要有负形将其衬托出来。在一幅画面里，成为视觉对象的叫正形，其周围的空虚处叫负形。正形，具有紧张、密度高、前进的感觉，并有使形突出来的性质；负形，则有使形显现出来的作用。就视觉设计而言，正负形状的问题就是图形与背景的相互关系，也就是"图—底"的关系（图 2-2-11）。

法国人卢宾最早发现了正形与负形的图形转换关系。当眼睛注视到正形时，其负形空间将有一种后退感。当眼睛注视到负形上时，那正形空间便也向后退。这种图底互动关系经常容易被忽视，应提高重视程度。

图 2-2-11

有的研究者将许多视觉心理学家对"图—底"关系原理的发现加以整理，概括成九条原理：

1. 被包围的或封闭的形成"图"，包围者却成为"底"（即"地"）；2. 小面积者成为"图"，大面积者成为"底"；3. 密度高或有纹理描写者易成为"图"；4. 二形位于上下之位置，而其面积、形状相同，只有色彩或明度有差异，此时位于下面之形易成为"图"；5. 对称性之形易成为"图"；6. 相邻二形均具有对称性时，则凸形成为"图"之可能性较大；7. 愈单纯之形愈易成为"图"，日常看惯了的形也易成为"图"；8. 其方向与我们视野的水平垂直坐标相一致的形，易成为"图"；9. 有动感、旋转感之形易成为"图"，静止之形易成为"底"。作为一个设计课题，我们的目的就是创造一种图形关系，它能够使观者得到图形和背景互换的视觉体验（图 2-2-12～图 2-2-17）。

在作业练习中应注意以下两点：

（1）黑白相互分割的形态

在一般情况下，黑分割白是白为底，黑为图，白为虚体，黑为实体；白分割黑则是黑为底白为图，形成前后多层次的图底关系。

黑白相互分割还有一种黑白互为图底的特殊形态，黑既为图又为底，白也既为图又为底，组成一个没有前后空间的平面图案，具有很强的装饰性。

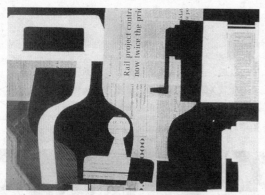

将人工形态进行归纳以剪纸拼贴的形式组合。忽略透视变化及体积感的表现，注重形态自身的外轮廓变化及画面的黑、白、灰面积对比关系，并得到合理的正负形，使画面稳定生动。

图 2-2-12   图 2-2-13

忽略透视变化及形体的体积感表现，着重处理形态外轮廓之间的组合及黑、白、灰面积对比关系，并得到合理的正负形。

图 2-2-14   顾大庆

以黑、白、灰关系表现为主，并侧重于研究正负形之间比较关系的素描作品。忽略透视变化及形体自身体积感表现，只描绘形体的外轮廓并采用透叠的方法丰富画面。

图 2-2-15

图 2-2-16

采用平涂设色的形式，着重表达黑、白、灰关系的店面效果素描。注意画面中黑、白、灰面积对比的形状及疏密关系，使画面既有对比，又统一、和谐。

图 2-2-17   陈玲

（2）黑白相互分割与形式美

黑白相互分割的作品与形式美的关系，在许多方面都与黑分割白和白分割黑的作品有共同之处。如图的美、底的美、图与底的组合美以及黑白形的美、黑白层次的美和黑白衔接的美。除此之外，在黑白相互分割的作品中，还要处理两种分割的复杂关系。一般应以某种分割形态为主，另一种分割形态为次，两种手法要结合得自然恰当，才能产生美的效果。

绘画的本质，是一种人的思想和技艺的结合，缺一不可。以至于技艺的掌握程度，常常决定了对思想表述的能力。

对于学习建筑学的学生来说，在建筑物大面积统一的墙面上设计信息密集的大门，在园林里以粉墙的背景配置植物山石小品，凡此种种，都是要突出背景前的图形，那正是引人注目的地方。

其实图—底关系的观察不仅存在于平面设计方面，而且广泛地存在于三维空间立体的设计方面。在人对环境的观察中普遍存在着处理图—底关系的情况。室内设计中，家具、陈设、装饰壁画以及灯具，相对于地面、墙面和顶棚来说，往往成为"图形"，而地面、墙面和顶棚则成了背景。

以上对正形和负形，也就是图—底的分析和理解，在建筑设计中空间和实体之间的互动关系和对感知觉的认识，是我们今后在学习中应注意的一个重要方面。

第三节　体积的构成分析

体积是具有上下、左右、前后3个维度的形态，因此它占有三维空间。从理论上说，体积是从三维的平面延伸至以不同角度的若干平面构成的占有三维空间，并具有一定质量感的形态。它具有几何体和自然体。我们可以从其最基本的形态圆球和正立方体，通过组合与分割等各种构成形式，来认识和描述一个体积（图2-3-1～图2-3-3）。

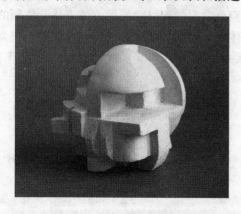

图 2-3-1

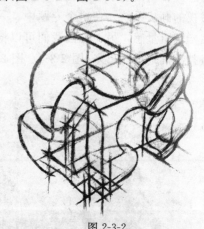

图 2-3-2

从一般意义上讲，我们赖以生存的世界是三维的。用肉眼看这个空间的一切物象，都是以体的状态存在。凡可见物体的特征都可以通过外在感官（如触觉、视觉及至听觉）感知体的存在及运动。我们所感知的体都有两个基本特征：一是可以立起来，即合理的结构性；二是材料性特征，即任何体都是由物质材料构成的。同时体还激发了一种重量感，又

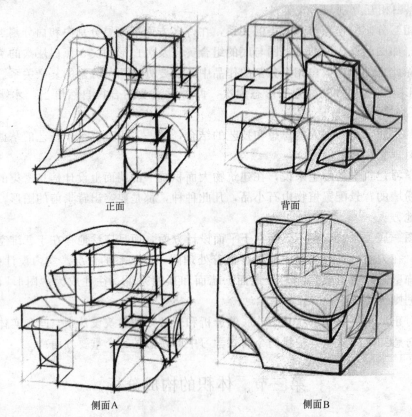

正面　　　　　　　　　　　　　　　背面

侧面A　　　　　　　　　　　　　　侧面B

　　用结构素描来表现复杂形态立体模型的多个角度。其主要目的是明确模型内部空间的划分及处理好外部形态
如何向内部延伸。

图 2-3-3

称积量感。在图面上表现三维体积要比表现平面形状复杂许多，它牵涉到三维平行投形或
焦点透视的画法系统。在这个专题中，一方面我们要学习如何以素描的方法来体验体积的
几何结构和重量感，另一方面我们可以将所见物体的体积结构加以确认，并且能够用视觉
语言将其准确地描述出来（图 2-3-4、图 2-3-5）。

　　表现体量感的全因素调子素描。强
调暗部与亮部的强对比关系，增强体量
感。

图 2-3-4

强调亮部与暗部的对比关系，着重表现建筑物的体量关系及在光影作用下的空间关系。

图 2-3-5

一、结构素描的几何特性练习

根据感知规律，人们对形体的感受是从表面的形状、色彩和光影开始的。结构素描要求利用所学的透视知识、几何知识对形体结构进行理性的解剖和分析。

在前面的专题中我们是采用正投形和多视图的方法来研究物体的形状的。运用正投形的方法来表现一个体积至少需要三个面，即正、顶面和侧面，观者再凭借自己的想象在大脑中重新组合体积的形体。结构素描练习，不同于绘画艺术的习作，它侧重于对形体空间结构的理解。在方法上是从感性认识出发，重点还在于落实到理性的概括，是一种抽象的观察方法。体积的构成关系是可以认知的，了解空间的形体结构可以通过对物体的形状、尺度、方位及光影等表象进行分析、解剖与判定。由于结构素描是以研究形体结构为主要目的，所以可以将明暗光影淡化甚至忽略。可以先从外形、轮廓入手，寻找与外形的体面有关的内在结构线，在反复的比较与分析之中用结构线去确立和塑造三维空间中的体积形态。

结构素描是研究体积的几何构成的理想工具。要准确地抓住对象的特征，首先要理解对象，把复杂的对象归纳并体现在基本的几何形体之中。我们可以利用基本几何形体去解构物象，去简化形体。因而在刻画结构线时，必须正确理解形体轮廓与形体结构的从属关系，不要被对象的表面形态所迷惑，要有意识地将对象的局部形体解构成抽象的球体、圆锥体和立方体等基本几何形体。在练习过程中，将物体看得见和看不见的部分都画出来，同时保留我们形体和结构分析中所采用的各种结构辅助线，如重心线、中轴线、切线、对称线等，辅助线的存在会使画面更加生动和丰富感人（图2-3-6～图2-3-8）。

图2-3-6　复杂几何形体组合静物

主要表现形体内外轮廓的素描。从基本形体的透视规律中发现形体各个面的透视变化规律。

图2-3-7

在画好准确透视结构后，以调子的形式表现几何体的体积，使形体的体积与空间感更为真实。

图2-3-8

二、体积的重量感练习

结构素描是运用理性解构或建构的方法达到对体积的几何结构的理解。在我们的日常生活中，所见的物体大多数都可以理解为由简单的几何体积所构成的，如立方体、圆柱体等。对物体体积的认识不仅仅是对其几何结构量度的把握，而且还包含建立基本的重量感的作用。强调这类体验的绘图活动称为雕塑素描，它的实质是对物体的可塑性的认识。雕塑形式的素描所追求的是一种类似雕塑家进行泥塑创作的感性经验，它不仅是视觉的也是触觉的尝试，把纸张看成是一堆黏土，绘图工具就是雕塑家的手和刀。也就是说，当所描绘的部分是在空间的深部时，就用笔去推或者用力去画，当所描绘的部分是在空间前部时，就轻轻地画或者用橡皮去擦。我们可以将所见物体的体积结构加以确认并且能够用视觉语言将其准确地描述出来（图 2-3-9）。

雕塑家利用双手在制作雕塑作品。

图 2-3-9

雕塑素描的具体操作方式有很多种，主要是体验体积的"量"。它是有厚度的、有质量的、有重量的。雕塑素描除了作为体验体积的重量感的手段外，它还可以用来作为一种渲染的方法，通过三维描绘在纸面上创造一种深度的视错觉。这种深度的视错觉，再强调一遍，并不是来自对特定时间和位置上的光影状态的描绘，而来自于物体体积的构成方式（图 2-3-10～图 2-3-15）。

强光照射下的几何形体具有强烈的黑、白对比关系。增强了体积感，同时也体现了几何形体的重量感。

图 2-3-10

利用雕塑素描的方法表现形体的体积和重量感，强调形体间的黑、白对比关系。

图 2-3-11

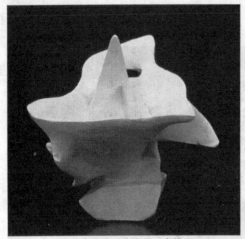

以自由曲线造型为主的石膏模型。

图 2-3-12

将若干个不同角度的素描图重叠在一起，在这基础上进行重新构图和取舍。这比那种刻意去设计的构图更能产生意想不到的结果。

图 2-3-13

以调子为主要表现形式，强调形体间黑、灰、白对比关系，着重体现体积感和重量感的素描。

图 2-3-14

利用明暗的强烈对比表现石膏像的体量感。

图 2-3-15

第四节　空间容积感的体验

　　空间作为一个重要的视觉要素，存在于我们研究的每一个专题中。在"明暗"这个专题中，我们之所以能够知觉到一个图形，是因为明暗的对比将图形与它的背景区分开来。这个背景就是画面空间。在"形状"这个专题中，我们的意图是追求画面中形状与空间的某种特定互动关系，即图—底关系的模棱两可性。在"体积"这个专题中，它又表现为实体与它所存在的空间的关系。因此，由这些实验所激发的空间感受也具有某种抽象的性质。

　　在这一个专题里，我们要从透视的角度来探讨空间的知觉，从透视原理的角度来研究空间，符合现实生活中我们对空间直接感受的方式。

　　因为绘画的空间仅是一个可见物，它只为眼睛而存在。绘画是充满了各种形状的、变幻莫测的神秘空间，它好像镜子里面的空间，可望而不可及。这种艺术空间纯粹是一种在平面上创造的虚幻的三维空间，离开了形状的组织，它简直无法感知。

　　如用结构素描来研究空间的几何结构关系，用雕塑素描的三维形式来体会空间的容积。

　　此外，空间研究的一个重要的方面是空间的构成方式，即空间是由空间限定的构件围合或分割而形成的。空间和空间的构成是空间问题的两个不可分割的方面。当我们把对空间的诸多特性记录到纸面上时，就面临画面表现的问题。画面上所表达的空间由于不受现实空间中重力和构造关系的制约，可以超越空间的限制，反映了现实空间和画面空间的关系（图 2-4-1～图 2-4-4）。

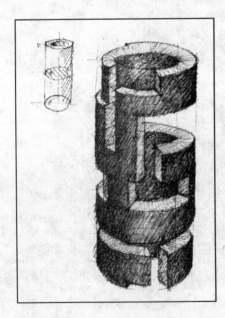

以雕塑素描三维形式表现空间的容积。阴暗的外表面，在表现形体结构中起着决定作用。阴暗的内部区域是空间深度的体现，倾斜的阴影线有力地体现出了圆形结构。

图 2-4-1

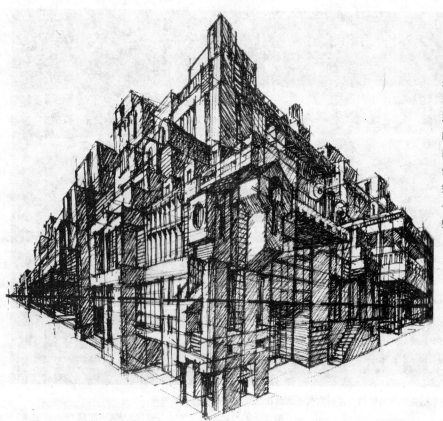

以结构素描的形式表现空间的几何结构关系。通过对抽象的模型进行刻画，会理解到在不同空间层次中排列方向各异的平面比例关系，借此在空间网络中获得一个几何投影整体。

图 2-4-2　　　　　　　　［德］卡尔·海因茨·舍林

以雕塑素描的形式表现空间的三维的纵伸，加强明暗对比，增强画面的空间感。

图 2-4-3　　　　　　　　顾大庆

利用明暗关系塑造形体的体积，并利用明暗的对比来处理建筑物的空间关系。

图 2-4-4　　　　　　　　　　[爱沙尼亚] 瓦萨曼·本杰明

一、从结构素描训练空间的基本透视

结构素描的目的是培养对形体的理解、认识能力，从结构的角度观察对象。表现对象的方法，是以概括的体来认识。无论表现的对象形体如何复杂，都可以认为是由大小不同的方体或长方体、圆柱体、锥体等组成。当观察角度发生变化时，用透视理论来看，平面发生平行、全角、倾斜透视变化，首先体现在这些几何形体的透视变化。掌握一定的透视理论，可以准确地把握和描绘对象。

以下是透视画面上的基本术语：

视点——指观者眼睛的位置。

视心——指视轴（中视线）与透视画面的交点，位于视点正前方。

视线——由视点作用射向景物的直线。

视轴——指垂直于透视画面的中视线，标志眼睛看的中心方向—视向。视轴与地面基面平行为平视，视轴与地面基面不平行为俯视或仰视。

视距——视点至透视画面的垂直距离长，在视轴（中视线）上等于视点至视心的长度。视距大物形透视变化不明显，视距小物形透视变化超常，出现畸变；正常透视变化下的视距，符合人的正常视觉活动，为标准视距。

视平线——由视点作用的水平视线构成的视平面与透视画面的交线，视觉中与地平线重合。

地平线——远方天地交界线，是存在于视觉上的客观现象。

视高——视点距被画物体放置面的高度。被画物体放置面为水平面时，在构图画面上表现为地平线至被画物体放置的高度。

消点——画面上体现变线消失方向的点，称为消点。[注1]

结构素描的练习，要区别于绘画艺术的习作，应侧重于对形体的空间结构的理解，侧重概括能力和用线的造型能力，加强想象力和记忆力的训练。既要表现可见面，还要表现不可见面，不但能对着对象来画，而且可以凭记忆来画。结构素描在透视理论方面，主要分平行透视、余角透视、倾斜透视三种类别：

1. 平行透视

（1）平行透视概念

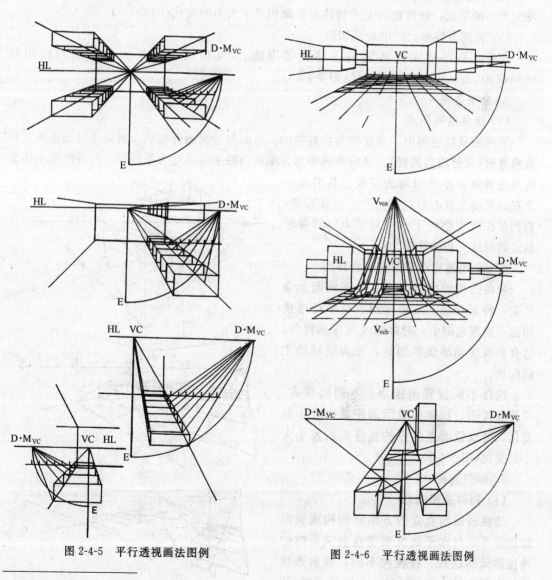

图 2-4-5　平行透视画法图例　　　　图 2-4-6　平行透视画法图例

[注1] 恩刚·实用透视法：透视基本原理和基本术语部分。

平行的景物空间中,直立的方形景物的一组面与透视画面(透视平面)构成平行关系时的透视,称平行透视。景物空间的方形景物中,平行于透视画面的主体原线与面,在透视画面上不发生透视方向改变,保持原状。垂直于透视画面的主体变线和面,在透视画面上发生透视变化。根据变线消点的确定方法,消点在视心的位置上,在构图设计画面上主体变线同视心集中消失。

(2)平行透视设计构图画面特点

视心作为主体变线的消点,具有使画面中的景物表现出集中,对称和稳定的优点。因其表现范围广、对称感强、纵深感强,适合表现庄重、严肃、大场景、大场面的题材,并为题材主题配景。

视点位置选择不好,容易使画面呆板。选择不同视高,可使放置面、顶棚的展示面积发生大小的变化,使放置面上的物体重叠面积发生大小的变化(图2-4-5)。

(3)表现内容单元的增加、切割

在建立物体单元或环境的主体框架基础上,可根据需要扩大单元框架或切割单元框架,深入塑造物体与环境(图2-4-6)。

2.余角透视

(1)余角透视概念

平视的景物空间中,直立的方形景物的二组面与透视画面构成余解关系时的透视,称余角透视(又称成角透视)。余角透视中的方形景物除主体高度为原线外,另外两组主体变线与透视画面不平行均为变线。其消点一个在地平线上视心的左侧,另一个在右侧,它们是在视点制约下的一对消点,其寻求消点的视线夹角始终是90°。

(2)余角透视设计构图画面特点

余角透视的主体变线在构图画面上会产生一种运动感、不稳定感。与平行透视相比,表现范围小,对称感及纵深感较弱,适合表现生动活泼的题材,并为题材的主题配景。

选择不同位置的视点,不同的视高,可使放置面、顶棚的展示面积发生大小的变化,使放置面上物体的重叠面积发生大小的变化(图2-4-7)。

3.倾斜透视

(1)倾斜透视概念

透视画面与直立的方形景物构成竖向倾斜关系,与水平放置面非垂直关系时的透视称倾斜透视。按视向不同,倾斜透视可分为下倾斜透视(俯视),上倾斜透视(仰视)。按原平视中方形景物与透视画面透视

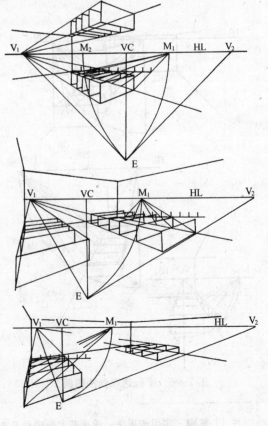

图2-4-7 斜角透视画法图例

形式状态，可划分为平行俯视、余角俯视、平行仰视、余角仰视、完全仰视。

平行俯视或仰视是指竖向改变平行透视向，使透视画面对方形景物竖向下倾斜或上倾斜的透视。

余角俯视或仰视是指竖向改变余角透视向，使透视画面对方形景物竖向下倾斜或上倾斜的透视。

完全俯视或仰视，是指视向垂直于放置面使透视画面与方形景物顶面平行与放置面平行的透视（图2-4-8）。

（2）倾斜透视设计构图画面特点

与平视比较，物体的高度为变线，是倾斜透视画面的突出特点。

地平线与视心分离，地平线与视心间距愈大，俯视的俯角或仰视的仰角就愈大，物高消点就愈接近视心，俯视或仰视的程度就愈大。俯视时地平线在视心上方，仰视时地平线在视心下方。当俯角或仰角为90°时，地平线不在画面上，物高消点在视心位置，变为完全俯视或仰视。地平线与视心间距愈小，俯角或仰角就愈小，物高消点就愈远离视心。当地平线在视心的位置时，画面已不再是倾斜透视而是平视了。

俯视画面适合表现比较大的空间群体，减少了景物的重叠面积，稳定感弱，动感强烈，纵深感强，纵线压缩较明显，具有压抑感。人物表现难度较大，适合以场景为题材内容的表现。与仰视画面比较，在设计方面较常用。

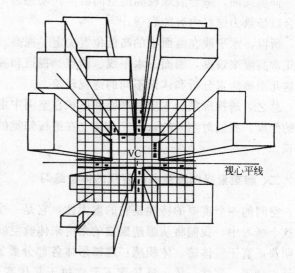

视心平线

带有仰视透视变化的大空间线描表现。线条由近至远被逐渐被压缩，形成强烈的纵伸效果。

图 2-4-8

仰视画面，适合表现较高的空间群体，动感强烈，纵线压缩明显，人物表现有难度，适合以场景为题材内容的表现。[注2]

所以，水平线在画面中的高低位置决定了视高。我们常用的是人眼的视角，即以人眼的正常高度来观察。画面、水平线、消点、视点和视高等，就是透视的基本元素。我们运用这几个概念来分析和认识不同的透视现象。

总之，透视现象的本质是平面和体积在空间中由于视点和物体的相对位置的变化所引起的变形。我们对空间的认识完全建立在透视知觉的条件下。通过透视实验对空间本质的认识。

二、雕塑素描以及空间的容积的体验练习

空间的一个重要的特性是它的虚无性，它是一个由四周的界面包绕着的中空的容积。在这个练习中，我们将从雕塑素描的角度来体验空间的这一特性。雕塑的基本造型要求单纯明快，富于整体感、体积感；雕塑形体各部分要紧密联系，互相呼应，不要零散断离，要结构严谨，浑然一体；外轮廓不要求过于起伏变化，要像剪纸或几何模型一样简洁明确，做到引人注目；要求有分量，占据一定的空间和体量，具有建筑感、团块感。在具体体验雕塑素描的操作时，我们是根据一个面在空间中的位置来决定它的明暗深线。把雕塑素描运用于空间的研究，其具体的分别在于对实体的研究是从外部来观察和体验。用一个简单的比方：一个立方体盒子，对空间的研究是从内部来观察和体验这个立方体盒子。事实上我们对一个建筑的体验应该同时包含这两个不同的方面：(1)对体积体量感的体验。(2)对空间所包容的空气的厚度的体验。练习者可以用推和拉的方法建立一个空间的模型，这是一种根据对空间距离的简单推测来铺设明暗的素描。如果一个面离练习者远，可将这个面推到空间里，反之，如果一个面离练习者近，则可以将其拉出来。推入一个面则使其变深，拉出一个面则使其变浅。这样，面与面之间因为在空间中具体位置的不同而呈现明暗色调的差异。下面这幅建筑剖面渲染就是根据这个原理完成的。从视觉效果来看，所画的空间就具有了一定的深度感。最重要的是我们可以从这类练习中建立空间深度的直接体验（图2-4-9～图2-4-13）。

以雕塑素描的三维形式表现空间的容积。利用明暗的强烈对比，增强画面内的空间感。

图 2-4-9　　　　　　　　　　图 2-4-10

注 [2] 恩刚·实用透视法：基础透视的类别部分。

在建筑的剖面图上用黑、白、灰调子渲染建筑物的空间部分，使之与结构部分形成鲜明对比，增强体量感。

图 2-4-11

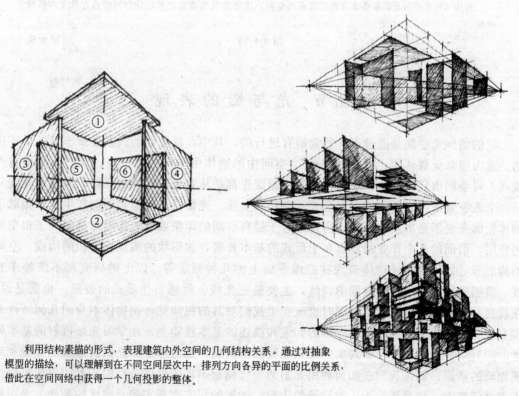

利用结构素描的形式，表现建筑内外空间的几何结构关系。通过对抽象模型的描绘，可以理解到在不同空间层次中，排列方向各异的平面的比例关系，借此在空间网络中获得一个几何投影的整体。

图 2-4-12

［德］卡尔·海因茨·舍林

利用结构素描与光影素描来表现建筑室内空间，主要借助明暗对比来区分空间的远近及室内明暗
光线。

图 2-4-13   顾大庆

第五节 光 与 影 的 表 现

我们的知觉空间是通过多种感觉器官进行的，其中，视觉性的线索是最丰富、最正确
的。成为视知觉媒体的，当然是"光"。空间中的物体由于光而被发现。人们认为没有光
线就不可能画出任何物体，所以大多数绘画课程都是从对光影的描述开始。但是，光线只
是一个表象要素，它并不能改变形式、空间和实质。光影只是伴随物形而产生的，相对于
物体轮廓来说不是本质的东西。但光影对于提高空间的印象或增加深度却是起到了很重要
的作用。前面的几个作业的重点在于形式的基本要素，如形状的构成、体积的构成、空间
的构成等，如何将三维物体表现在二维平面上的几种画法等。以上的研究都不依赖于光
线、质感等因素，而这个专题的训练，主要是把光线、质感当作形式的表象。也就是说，
在改变一个物体的光影状态的同时也改变了我们对其的视知觉，而物体本身的几何特性并
没有改变。实验的重点应放在光影的知觉和描述的基本技能上，在学习光影投射的基本原
理的同时，我们还要对光影现象的感觉经验加深认识。如对影子和光线的形状的知觉和对
明到暗的认识、训练我们在如何利用光影的变化创造丰富的形体造型的艺术效果的可能性
方面进行探索，把光影作为一种设计的手段。光影的写实表现实验是感性的基础，光影投
形是光影写实的理性升华。另外，还有光影的表现性问题，通过对光影的设计和描述来表

达某种特定的情感。总之，在这一个专题中主要以形体与阴影的表现、光影效果的创造来形成对光影两个基本方面的研究（图 2-5-1、图 2-5-2）。

在光线的照射下，物体的形状会产生特定的光影关系，随着光线的变化这种关系也会不断变化。

图 2-5-1　　　　顾大庆

表现光影关系的全因素调子素描作品。光影不仅可以烘托形体的体积感，而且还可以增强画面的感染力，使表现的物体更加真实。

图 2-5-2

一、形体与阴影的表现练习

事物并不依赖于光而存在，但是因为有了光，才使我们的双眼能够识别事物。而且因为有了光的参与，才使事物呈现出丰富的面貌。光源的强弱、方向、色彩等都直接改变着物体在我们视觉中的形象。所以，有必要对光的特性，特别是光对物体表面及阴影的"修饰"后产生的视觉规律进行研究。

有了光，物体就有了阴影。光不仅强调出了真实的形，并以阴影投射于四周，造成对周围形体的干扰。对于空间来讲，光通过阴影的造型作用，不但说明和强调了空间特征和透视效果，而且使其改观。在光的作用下，环境中的阴影以和声的形式再现着所有的形体，并起到渲染空间环境气氛的作用(图2-5-3)。

对光影的直接观察和准确描述固然十分的重要，但是对于设计者来说却是不足够的。因为设计者常常面临的问题并不是去描绘眼前直接可见的对象，而是要描述正在设计中的，想象的对象(建筑的体块光影的造型)。这种设计中的建筑的光影造型，是对光影的感性认识。这个专题的学习重点不仅在于掌握阴影作图的基本方法，更在于了解形体和光影之间的内在互动关系，并且通过简易的阴影渲染，进行一种形体和阴影的综合设计艺术效果的练习(图2-5-4)。

以表现光影关系为主的素描作品。光影不仅可以烘托气氛，塑造形体，而且还可以增强物体与物体之间的空间感。

图 2-5-3

利用光线投射到形体上所呈现的光影关系来研究光影与形体之间的变化规律。

图 2-5-4

二、光影效果的创造练习

人们讴歌光，"光是宇宙中的一个要素"，"光是生命的一个基本构成部分"。视觉艺术心理学家阿思海带着激情这样谈到："光线，几乎是人的感官所能得到的一种最辉煌和最壮观的经验。"为了有效调动受众的光感这种最辉煌和最壮观的感觉经验，使之参与到理想的设计心理效应中去，练习者有必要在光的利用上多动脑筋，在光影的利用上展示自己的聪明才智和创造能力，尤其在创造适宜且美妙的光影效果上显现自己的主体精神。

这个练习中一个最重要的任务，就是把对光影的具象写实发展为抽象的光影效果的创造表现。在这个练习中，练习者不能够通过直接的观察来描绘对象而是主要凭想像力处理光影关系（图 2-5-5～图 2-5-7）。在作品中光和影将成为主要的视觉要素，通过处理光和影的关系构成视觉焦点并创造美的视觉效果。以下是几方面的手法：

将具象光影概括为简单的几何形，以此来研究光影对空间造型的影响及其规律。

图 2-5-5　　　　　　顾大庆

光影效果可以烘托空间气氛，丰富画面内容，使画面更加生动，更具视觉感染力。

图 2-5-6　　　　[美] 恩斯特·沃特森

（1）丰富空间内容

充分运用光和影的扬抑、隐现、虚实、动静，控制投光角度和范围，建立光的构图、秩序、节奏等，这些手法可以大大渲染空间的变幻效果。

（2）限定空间领域

运用光和影的分布来明显地区分画面的不同空间领域，这种区分和分割的限定性比实体分隔要便捷灵活得多。

（3）创建趣味中心

人的视觉生理表明，人的注意力是本能地被吸引到视野中亮度对比最大的部分，这通常就是视觉的趣味中心。

（4）烘托空间氛围

光影可以创造不同的画面氛围，或柔和朦胧，或安谧幽雅，或高亢醒目，或活跃纷繁等等（图2-5-8～图2-5-10）。

将具象光影概括为简单的几何形，以此来研究光影对空间造型的影响及其规律。

图 2-5-7

表现光感的绘画作品。光在该作品中起到烘托气氛、创造和谐、安详氛围的作用。

图 2-5-8

　　光线在该绘画作品中起到创造趣味中心的作用，它使整幅画面有了明显的视觉中心，更好地突出主题。

图 2-5-9　　　　　　　　　　　　　　　［美］哈维尔·封凯培·因斯

　　以抽象形态制造光感效果来烘托气氛。

图 2-5-10　　　　　　　　　　　　　　　　　　　顾大庆

在当代建筑设计、室内外设计中，吸收采用创造性光影效果的表现设计，逐渐成为现代建筑设计师的设计手段。

在这一阶段的练习中，可先作一些小的草图来研究不同的光影效果。练习者可以从美国画家费瑞斯或其他的艺术家和建筑师的作品中学会一些不同的技法，重要的是对自己的设计要有想像力（图2-5-11～图2-5-12）。

在光的照射下，不同形体呈现不同的光影关系，这些光影的明暗对比可以更好地烘托形体，制造真实空间的体积感。

图 2-5-11　　　　　　　顾大庆

［美］恩斯特·沃特森

图 2-5-12　反映光影关系的建筑素描作品

第六节 质感和肌理的表现

质感是物体的肌理，也是与任何物体有关的造型因素。例如：物体表面的粗糙感或光滑感均属于质感，所以它必须是视觉的，同时也必须是触觉的，是通过"视觉触摸"来获得的对材料的感觉经验。物体肌理的构成单位非常细微时，质感则被认为近乎色彩的感觉；反之，单位粒子越大，便越加强了形态认识的知觉作用。对质感的研究包括真实质感、模拟质感、抽象质感及图案四个方面。真实质感是指对材料本身的表面纹理的感知，它主要是一种触觉经验。模拟质感是指描绘在纸上的材料的写实形象，提供了有关材料的视错觉，是通过观察来"触觉"材料的表面。在素描中所讲的质感通常是指模拟质感，作为视觉艺术的设计素描，当然要将它纳入其中，进行研究。物象多变的质感特征为设计素描的表现提供了直接而单纯的视觉资源，这种对肌理质感的表现也是体现设计素描技法的重要标志。在这个专题中着重于探讨这两种质感类型的内在联系。在对材料肌理质感的触觉经验的基础上发展质感的表现技巧，以材料质感的写实为基础，目的是通过实际接触与制作材料来培养一种对肌理质感敏锐的观察力和表现力，训练一种写实的描绘质感的能力（图 2-6-1～图 2-6-4）。

图 2-6-1

图 2-6-2

图 2-6-3

图 2-6-4

不同的材料呈现出不同的表面肌理，从而带给我们不同的质感效应。仔细观察无规律的肌理表面，体会带来的直观感受，并借用这种感受解决空间设计中材料设计的问题。

一、触觉感受的质感练习

质感可分为两大类。一类是可用手触摸到的触觉型(图 2-6-5);其二表面虽光亮平滑,但在视觉上令人感觉到特殊的凹凸感或粗糙感,此即视觉型的质感。

第一类型的质感是极为直接的,只要触摸它,盲人也能感觉出来。在这个专题中,我们可以用真实材料制作拼贴来激发对质感的认识。将各种不同材料粘贴在一起组成一幅构图画面(图 2-6-6、图 2-6-7)。用现有的材料(如布料、纸片、废弃材料、胶合板等等)。在拼贴图画时,要特别注意各种材料质感的特点以及不同材料之间的对比关系。画面构成的形式和构图在这个练习中是不重要的,重要的是通过对材料质感的直接感觉达到经验的掌握。

完成拼贴画面后,练习者还要作一些观察和素描的练习。可以用一张薄纸,蒙在拼贴的画面上面来拓印并记录质感的纹理(图 2-6-8、图 2-6-9)。

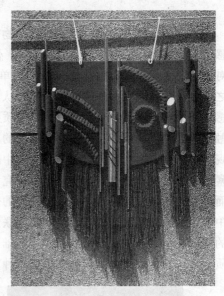

图 2-6-5

图 2-6-6

图 2-6-7

图 2-6-8

图 2-6-9

采用真实材料进行拼贴练习,主要突出材质对比的肌理效果,从中发现特有的形式美,并将这种对比关系所带来的视觉冲击效果,应用到今后的设计中。

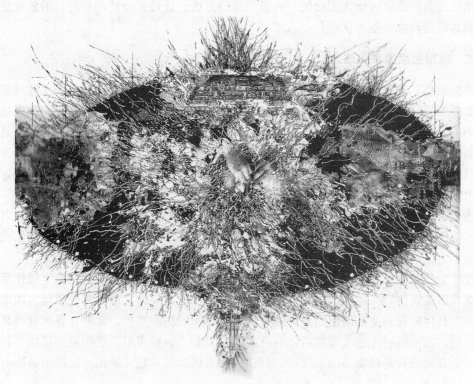

图 2-6-10　特殊肌理效果表现　　　　　　　　苏沛权

［斯洛伐克］安德烈卡·卡洛尔

图 2-6-11　特殊肌理效果表现

拓印是将真实的质感转化为图形的一种最简易的方法。通过实验达到对材料的触觉感受的体验和对质感现象的基本认识。

二、模拟质感的表现练习

模拟质感，就是模仿真实的物体质感，通过素描方法来表现物体材料的实际外观，达到逼真的效果。这种表达物体自身特征的方法，体现在外表的效果上。这是一种表达物体形态的符号，一切事物失去了符号，那将失去存在的意义。我们在表现中注意画面是否具有色彩效果和质感因素，同时也不要忽视嗅觉和触觉这两种人体特殊感知功能。因为，它们可以帮助我们更客观和深入理解对象。材质属性等物体的肌理（质地），反映出一定的塑造能力和表现能力。

练习者还可以在画面上选择多种平面，用不同的质感材料进行剪裁拼贴组合，可使画面的装饰效果大为增强。也可利用材料自身的肌理、图形，构成既合情理又有偶然成分的视觉效果。在似是而非、松散自由的组合中增添趣味性。

在这个作业中，要求用明暗的方法来表达质感的效果。成功的质感模拟素描作品可以瞒过观看者的眼睛，使他以为这是一个真实的材料。这是一种将触觉感受转化为图形的素描能力。具体来说，笔触的运用要顺应物体材料表面的肌理结构。此外，各种材料具有不同的本色，在描绘时注意表现材料固有色的对比关系。一幅模拟质感作品的成功与否很重要的一个方面是看刻画物体的质地（肌理质感）的表现如何，它反映出一定的塑造能力和表现能力（图 2-6-12～图 2-6-15）。

图 2-6-12　模拟质感效果表现

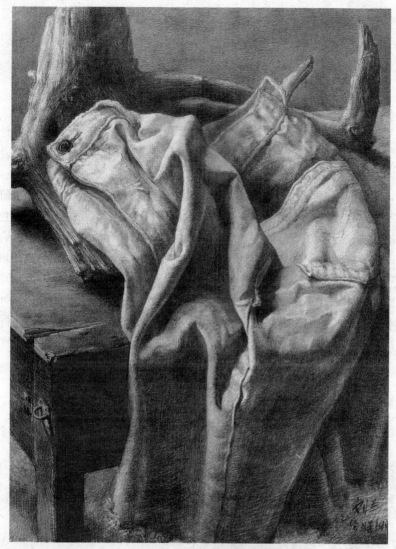

通过对不同材质的真实表现，训练把握各种材质特征符号的能力，以便在设计表现时能更好地表现材料的质感特征。

图 2-6-13

图 2-6-14

图 2-6-15

第三章　建筑素描表现

素描是一种视觉研究的有力工具。因为建筑设计师创作的主要对象，是建筑设计或景观设计而不是绘画。对设计师而言，绘画是表达设计者体验、发现和理解视觉世界及设计构思的一种手段。

在这个专题中，我们主要以建筑景观照片临绘、建筑速写、建筑视觉笔记作为研究内容。通过建筑景观照片临绘，用视觉表达语言形式，对建筑景观的比例、视错觉、颜色、光和影的关系、物体的真空和容积以及色调和范围的关系，用视觉符号的语言形式，结合照片临绘，对形式美的研究实践练习，来培养满足设计需要的能力。通过建筑速写手段，培养设计者的透视感、空间感和尺度感的三维空间理念图。通过记录视觉信息为主的图像信息来激发形象思维，提高视觉修养，开发视觉化能力。这种视觉语言和思维的训练，对于设计者将来的设计创作有着十分重要的作用。在这个专题练习中主要的目的就是探讨如何将不同的素描表现方法，运用在对建筑的观察和设计创作中，为今后的建筑设计创作打好基础。

以圣·索菲亚教堂为对象进行的建筑速描训练，是对该建筑的比例、尺度、结构、光影等关系的一次详实了解过程，其目的是培养设计师的透视感、空间感和尺度感的三维空间理念。

图 3-0-1　　　　　兰宇

44

图 3-0-2

图 3-0-3

建筑物内部与外观的素描作品。主要是训练掌握建筑的比例、尺度及透视变化规律与各自光影变化规律。

室内大空间写生训练。目的是为了更好地掌握室内空间的比例、尺度及透视变化规律，利用精细描绘技巧来刻画室内构造细部及空间气氛。

[瑞典]基尔曼·迈凯尔·安特尔斯

图 3-0-4

第一节　建筑景观照片临绘

作为一名建筑师，其创作的主要对象是建筑设计。建筑设计的本质是一种造型活动，这种造型训练的本身绝不是绘画，而是通过绘画的视觉形式来表达设计构思的一种手段。

图 3-1-1　室内照片

通过临绘照片培养设计者的整体把握能力，对画面的布局控制能力及尺度感体验。另一方面还能提高设计者全面、细致、深入的观察力。充分理解建筑室内外空间形状、明暗、光影、质感之间的有机联系，从而提高控制画面黑、白、灰调子的对比和整体关系的把握能力，也是对钢笔线条训练的延续。在线的形态认识方面，通过对不同类型线的特征及线的形态组合规律及形式概念等方面的训练，从而提高钢笔画表现技巧，对将来绘制设计草图打下扎实的笔墨基础。

依据照片所进行的室内装饰临绘，其目的是培养设计者把握整体的能力和全面细致的观察能力。

图 3-1-2　　　　　　　　吴卫

建筑外观素描练习，主要表现建筑物的明暗对比及尺度比例关系。

图 3-1-3　　　　　　　　　　　　　　　　　　　　　　　　　　　　[美] 路易斯

临绘室内照片。通过对光线的刻画来表现室内的空间感。

图 3-1-4　　　　　　　　　　　　　　　　　　　　[日本] YAMAMOTO KEISUKE

一、从单体临绘到整体组合

如果初学者一开始就临绘一幅较复杂的照片，马上要求其达到一个完整统一的效果恐怕不太现实。应先从细部的单体开始训练，然后再过渡到画全一幅整体的临绘作品。

整体与局部是一对矛盾的统一体，任何一个局部只有在整体协调下才具有意义，而充满丰富细节的整体才是具体实在的。整体的意识是操作过程中的核心思想，它将全面考虑、衡量画面的每一个部分，进行反复的比较，不断的调整，控制画面的进程。我们在临绘对象时也不能违背先整体后局部，再由局部回到整体的绘画形式规律，但我们初学者可以把整体照片中的局部作为整体画面中的单体进行单项描绘练习，然后再整体组合在一起画。

具体方法：首先应该仔细观察所要描绘的照片，然后先画一个或几个单体练习，培养对该照片物体或陈设的感情。初学者应从三维立体的思维对待所临绘照片中的所有的构件、饰物等，都应详细画一遍，那么一定会对其产生进一步的认识，然后再将这些物体组合在一个画面中作画就会容易得多了。我们应注意：虽然我们是从局部入手，但是在大脑里一定要有整体的意识，这样画面才能和谐统一，构成有机的整体性。

临绘应从建筑内外局部开始，这样可以较容易地达到完整统一的画面效果，有利于初学者的尝试。

图 3-1-5

　　以桥墩为对象的临绘作品。较准确地表现了桥墩的比例尺度及其明暗关系，依靠近景刻画详实，远景概括简练来体现空间的距离。

　　　　　　　　图 3-1-6　　　　　　　　　　　　　　　　　　　　　　　刘洵

图 3-1-7

图 3-1-8

　　临绘应从建筑内外局部开始，这样可以较容易地达到完整统一的画面效果，有利于初学者的尝试。

　　临绘建筑局部之后，逐渐地过渡到对建筑物整体的临绘，这样有利于处理好局部与整体这对矛盾，使局部刻画既能起到画龙点睛的作用，又不破坏整体统一效果。

图 3-1-9　　　　　　　　　　　　　　　　　陈曦

二、线的表现类型

格式塔心理学认为，人的认识是由整体开始然后再进入到细节的。而我们分析事物时正好相反，是从局部细节中最基本的单元线入手。单元线可以是一个符号，一幅构成的画面就是通过这种符号、单元的重复，按照构成法则—即秩序节奏、对比统一、虚实明暗的"语法规则"——组合成一个新的整体，来说明作者某种意图或表达某种思想的。然而，在具体处理线条时，线的内含相对独立的形式趣味，不但会有明显的性格倾向，而且还伴有文化观念。所谓的风格、个性、情绪、形式等，都必然要通过线条的具体线型才能体现出来。

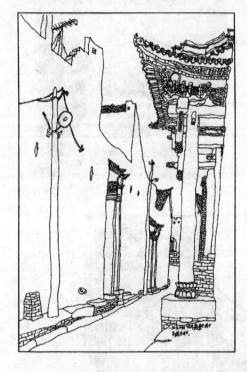

以线为主的室外建筑临绘。主要依靠线排列的疏密关系来体现画面的黑、白、灰关系。

图 3-1-10

以线造型为主的室内环境临绘。用画面中各种线型的排列组合体现室内装饰的不同材质及明暗关系，并制造真实的空间感。

图 3-1-11　　　　　吴卫

线的表现类型主要有以下几种：

1. 直线。直线和曲线是构成其他任何线形态的基础，单纯地用直线构成形状的方法在绘画中是不多见的。但是，直线也自有它刚直有力、简洁有序的性格特性。

2. 波状线。与直线相比较，曲线带有更多的变化，也含有更丰富的因素。波状线在曲线中是最具有曲线特点的线型，波状线的形成有着很直观的连续和移动感，并会以令人愉快的方式引人注意。运用波状线要注意处理形状的轮廓，抹去轮廓上明显的直线形和过于趋向封闭圆的线形，使其具有柔和、流畅、波动、变化和富于弹性的和谐。

3. 单一均匀的线。这是一种很有特点的线形，它很少依靠线条自身的变化来增加表现力，而是自始至终地保持着均匀的一致性。这种线没有多余的修饰成分，能很准确地表达出形象的特征，其技巧的掌握十分简单，但很具有装饰感。

4. 稍加明暗的线。尽管钢笔线条很少用借助灰调子的明暗方法来丰富线形，但是也不完全放弃以局部的明暗色调来调节线条之间的组合关系，只不过它的运用主要是在形象的某个局部，或者是先用单线确定形象的特征或区域，然后在不破坏线的整体效果的基础上，在其交接处和形的转折处进行叠置关系，从而渲染画面气氛。

以上四种线形只是比较典型的常用形式。对于线的认识规律及形式因素的了解，有助于用线表达形象，唤起自己的表现欲望。在整体的形象之中协调好线与形的关系，对我们今后的设计创造将起到重要的作用。

以铅笔的形式表现室内环境效果，主要表现室内的黑、白、灰关系及空间感。

图 3-1-12　　　　　　　　　　　　　　　图 3-1-13

图 3-1-14　　　　　　　　　　　　何星亮

三、线的构形

在钢笔建筑景观临绘中，形的秩序、空间体量关系的表现非常重要。线的构形中线条的表现，在能带来视觉和内容上的满足之外，还应有更加广泛的内涵。值得重视的是，几乎所有的线构形中具有的线的表现性最终都要被描绘者的审美倾向和他的绘画经验所改变。线的构形是多元化的。线的构形一般可分以下几方面：

1. 全因素线构形

是以单线条表现物体造型的明暗关系为主的线的构成形式。这种线条能够对构形起到绝对的肯定作用，在构形中应注意线条的装饰性和造型的表现性，同时，还得注意把握画面的整体性及个性化风格的表现。

2. 单线构形

主要以中国画线描的形式表现构形。它愈是简练，愈是单纯就愈是富有线的韵味和魅力。这种线构形的特征，以表现物体的外轮廓为主要构形形式。

3. 体面化线构形

我们往往在简洁而肯定的单线轮廓的基础上，在其内部填充密而有序的线条组织，达到单线控制下的画与面的虚实效果，用线的虚实调子排列组成形态形成的空间变化的方式，可以用斜线组合、交叉线组合、波纹线组合等，表现画面物体整体的体面关系。

这一阶段通过对建筑景观照片的临绘，一方面是对钢笔线条表现技法的训练延续，另一方面还能够培养设计者的个性化的表现能力，通过大量建筑景观照片临绘是熟悉建筑室内外构成语言的一条捷径。在这里我引用德国艺术家保罗·克利的一句话："用一根线条去散步。"这句话是告知我们，轻轻松松地用线条创造形象，不是牵强地被线条支配自己的思维，而是顺形的外轮廓去勾勒。通过富有个性的线条，把你的创作意图完美地表现出来。

以全因素构形表现复杂的空间环境效果。既要充分表现室内空间感，又要详实刻画室内装饰材料质感及家具陈设。

图 3-1-15

以单线构形表现室内
环境效果。用线排列的疏
密关系来体现室内环境的
明暗关系，制造真实的空
间感。

图 3-1-16   吴卫

以单线构形表现室内效果。用线组合的疏
密关系表现室内环境的空间感。

图 3-1-17

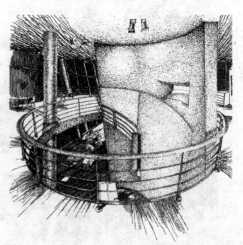

以体面的形式表现室内环境效果。画面明
暗关系表现充分，空间刻画真实。

图 3-1-18

第二节 建筑速写

通过前面的建筑景观照片的临绘练习，一方面促进我们对建筑设计作品比较全面、细致、深入地观察学习，并加深记忆。另一方面更加充分地理解室内外空间形状，明暗、光影之间的有机联系，从而提高控制画面黑、白、灰的对比以及虚与实等素描效果整体处理的能力。从这一专题我们开始进行建筑速写的训练，我们之所以选择建筑速写作为速写题材，是因为建筑的空间尺度感强，透视现象明显，通过画建筑可以提高我们的艺术修养与表达设计语言能力。

一、建筑速写的目的

速写是绘画艺术中的一种表现形式。速写是快速概括地描绘对象的一种手法，也是培养形象记忆能力的一种重要手段。本单元重点是建筑速写的训练。因为，建筑速写是以客观对象为依据进行写生的一种绘画表现形式。其使用的工具简单，携带方便，既可作缜密具体的描绘，又可概括迅捷地捕捉一瞬间的感受。建筑速写，既是一次练习者对所画建筑的观察和

以建筑内部空间为写生对象的钢笔速写。采用了概括的手法表现室内的空间感及明确的黑、白、灰关系。

图 3-2-1   卜呆丁

感受的积累，也是一次塑造物象形体的训练，更是一次画者组织建筑景象的构图能力的锻炼。就建筑设计者基础训练而言，建筑速写无疑是一种很好的方式。正如上面所述，建筑速写的主要目的有三个：一是练笔，培养手、眼、脑的相互协调能力和表现能力；二是收集素材、积累形象语言，获得感性知识；三是培养敏锐的观察力和艺术概括能力，培养空间思维，包括透视感、尺度感等。建筑速写既是建筑设计者搜集资料的必要手段，也是设计者建筑素养深化和徒手绘图技巧提高的重要途径。因此，速写历来受到建筑教育界的高度重视。

以线表现建筑物时，线的走势要符合建筑的结构关系，并且线的排列要有很强的秩序性，只有这样才能较清晰地表现一栋建筑的体块关系。

图 3-2-2   高明

以综合表现方法进行的室内环境写生。画面的黑、白、灰关系要明确，材质感要真实、物体投影关系应明确。

图 3-2-3   魏瑞江

二、建筑速写的构图

1. 构图的目的

在建筑速写中，无论选择什么样的景物，不论场面大小，都是利用事物之间的关系，组织成可以表达明确意图的整体。这样，构图就不是一般意义上的一个作画步骤。速写和其他任何艺术表现形式一样十分强调构图，构图是一个组织过程，通过组合、比较，把各部分统一起来，组成一个可以理解的整体。构图也是一个思维过程，它要求作者从自然复杂景物中找出秩序、节奏。可以想象自己是戏剧彩排中的一分子，而你的角色已经从演员转化成了导演，你要对整体的过程负责。速写不需要面面俱到，应有所侧重；有的侧重画大的气势；有的抓住细部刻画，以小见大；有的侧重情感。看一幅画是否动人与构图有直接关系，这也是一幅画成败的关键。因此掌握一些构图的基本知识及规律非常必要。尽管前人创造了许多美好作品，也总结出许多构图上的形式规律，但构图处理并无固定的模式。构图往往是因人、因物有感而发，一切为了画面所需进行构划。构图是多种因素的综合思考结果，只有将它们有机协调，才能更好的表达主题。

总之，建筑速写主要是对景写生，但决不是对客观物象的镜像模仿，不仅要画出物象的客观存在表象，还要强调作者对所画物象的主观感受意象。

2. 构图的基本要求

（1）独具新意，合理布局

构图不仅仅是招式问题，还涉及到视觉修养问题。用何种形式才能将要表现的内容充分地展现出来，构图起着决定性的作用。一件作品贵在构图要有新意，超出一般的程式化，这就需要作者多看多思考。将大布局的形势定位，使整体画面在构图上别具一格、主次分明、条理清晰，才能为进一步的深入刻划打下基础。

（2）注重透视，善于取舍

注意透视关系，要把所学的透视知识运用到速写中来，培养眼睛的"透视"三维能力，掌握好透视规律。再者就是注意取舍，要善于观察，做到灵活善变，提高捕捉和迅速反应的能力以及表现力。不能看一眼画一笔，巨细不漏的照录照收，一定要概括地取舍，要以少胜多，以简达繁。

（3）虚实相应，黑白得当

由于人们对绘画的构图特别关注，在绘画本体学科的理论研究中，关于构图的论述比较多。但在不少关于构图的论述中都把黑白作为构图的一个因素加以阐述，如构图的均衡常被黑白的均衡所替代，构图的中心又常杂以黑白中心的内容。在一般情况下，黑分割白是白为底，黑为图，白为虚体，黑为实体，但是作为白的虚体在画面中也是不可缺少的，也是视觉形象的一部分。"空白"、"虚"不等于"无"，在中国的传统绘画上，格外讲究黑白关系。"计白当黑，宁虚勿实"、"疏可走马，密不透风"讲的就是形象间的正负形关系，形的穿插，透叠，都与空白紧密相联。在黑白关系的处理上，要注意黑白的分布、图与底的大小、正负形的面积均衡关系等。

（4）主体突出，形象鲜明

构图中应有的主体形象即视觉关注的中心，要让它成为画面中最有分量、最精彩与最耐看的部分。一般的处理方法可将主体形象放于最显要的位置，或注意形体的比例，结构刻画细致丰富，对比强烈鲜明，起到突出主体的作用。

（5）构图完整，形式统一

好的构图来自于整体感，它体现的是部分之间的关系，而不只是表现某个特殊部分。在内容上要有求全的完整，在构图的形式上相应地也要表现这种完整性。如形象的取舍，构图的安排上要有统一的形式，以取得整体的和谐。在结构上要求严谨，避免形式语言过多，导致画面的松散与零乱。造形上要求将所画物象画得完整与清晰，主体形象突出。

以圣·索菲亚教堂为对象的建筑速写。要概括取舍繁琐的建筑细部，并将矮墙作为近景，轻松点缀在画面左下角，使整幅画面有张有弛，十分生动。

图 3-2-4

以铅笔为媒介的建筑速写，主要使用面的形式配以结构线表现室内的明暗关系，烘托室内气氛。

图 3-2-5

以乡村小院的院墙和门楼为对象的铅笔速写，充分发挥铅笔表现层次丰富的特点，使画面黑、白、灰关系明确，材质真实。

图 3-2-6   姚波

三、建筑风格的不同表现方法

画建筑物的表现形式是多种多样的，有写实的，有装饰性的，有用白描勾勒的，有以明暗块面来表现的，甚至有抽象变形等各种画法。我们这里所指的是写实的画法，是根据画者面对某一建筑物及其环境所得的感受而选用相应的表现形式，是从写生画的角度去表现以某建筑为主的单色绘画。它力求生动地表达作者的感受，与建筑设计的建筑画不同。

建筑速写在构图法则、突出重点、表现空间层次和环境气氛等方面与其他风景速写和写生画的要求是一致的。但由于建筑物的造型比较规则，一般房顶墙面、地面的材料质感明显，有明显的组织排列规律，结构严谨，线条横平竖直，所以一般来说容易画得呆板生硬。为了表现建筑物的特点，在绘画时要注意表现出它的坚硬、挺拔和体积结构的质感与量感来，在写生和速写时要注意下面各点。

1. 要选好角度，定好视点，注意透视。我们对某一建筑物写生或速写，必须选取能够突出该建筑物的立体感和结构美的角度。一般来说，采用成角透视比平行透视生动，而且使建筑物显得立体感强；如果想表现建筑物平面结构的美，或建筑群与周围环境的联系，则可采用高视点俯视的画法；如果想表现该建筑的巍峨高大，以及外轮廓的美，则可采用低视点仰视的画法。但无论采用什么角度都要求建筑物透视准确、统一，与人物的尺度比例要适当。

2. 要抓基本形，突出重点，注意表现空间、质感。画建筑物时首先要抓住建筑物的基本形和结构，抓住房顶、基座、墙面的比例关系和特点。要画好建筑物还应适当加强有特点的重点部分的刻画，如门楼、窗户、房脊、柱式、入口台阶等局部。可以利用构图的手段，或利用光影的对比、虚实的对比来突出重点，概括其他非重点部分。对琐碎的装饰花纹可以概括地画出其整体的感觉；对房顶、墙面及地面等，因使用材料的质感不同，或因有明显的排列规律，都不必面面俱到细致刻画，而应适当概括地表示出整体的大感觉就可以了。

以面的形式表现建筑，应考虑黑、白、灰各面所占画面的面积及位置关系，更好地突出主题。

图 3-2-7　　　　　陈雪松

复杂细部的建筑室内速写。以点画的形式表现细微的光影变化，烘托室内气氛，较真实地表现室内空间。

图 3-2-8　　　　　陈雪松

3. 要注意描写建筑物与环境的关系。生活中任何建筑物都与环境分不开的，它们之间的关系是非常密切的。我们以建筑物为主来作画，不应忽视对环境的描绘。比如，我们画东北林区的民居，整个房子用木材盖成，没有一砖一瓦。在这样的房子周围往往堆着许多成段的木头，甚至堆得像围墙一样。屋后就是一片白桦林，较远的山上全是森林覆盖。这种圆木盖的房子与上述的环境谐调统一。如果把这种房子搬到一个车水马龙的现代化城市街头上，则格格不入，不伦不类。又比如，有些古老的房子，经过年深月久的居住和损耗，门口前的石台阶会已经被磨损得凹陷下去，墙角会已经被损伤，露出里面没棱没角的砖块或土坯来。又比如，一片现代化的城市高层建筑，它们周围的环境必然是经过美化的：花园，修整过的树木、花坛，宽阔的柏油马路，现代化造型的路灯等。写生时，虽以建筑物为主，但只有把环境与建筑物一起来描绘，并把它们看成为一个有机的整体，全盘地考虑它们的主次、虚实和空间层次关系，相辅相成，相得益彰，才能增强画面的艺术感染力。

描绘建筑物的关键是准确掌握建筑物的形体比例和透视关系。在一般情况下，近景建筑物的深色部分要比远景建筑物的深色部分更深一些，近景的明亮部分要比远景的明亮部分更明亮些。

画建筑物在用线方面可作如下选择：近景宜运用变化多样的排线来描绘；中景线条变化要简单一些，远景要再简单些；甚至用统一的平行排线，画一些淡灰色的调子也是可以的。

建筑物有较规则的形体，画准建筑物各部分的透视关系尤其重要。作画时最好先画出建筑物的透视线，确定下屋顶、墙壁等物的消失点，这样容易检查纠正形体不准的地方。不同的建筑材料有不同的质地，要表现好建筑物，必须注意对建筑材料质地的刻画。例如，沿河建筑物，靠近河水的部分是用石块垒成的，描绘时用短排线加斑块笔触来刻画，容易表现出质感。房顶用不规则的弧线去刻画，质感也表现得比较好。一些旧建筑的墙壁，经年累月，多有黛痕，注意这些细节的刻画，也可以增加画面的情趣。

城市中有些别墅式住宅，用钢笔来描绘也很入画。例如，"拉毛水泥"墙壁，是用交角线小的短排线组成的线网来表现的。建筑物的门窗一般都用深色来表现，画好门窗犹如画龙点睛，能增加建筑物的美感。建筑物的样式丰富多彩，选择优美的建筑物来做主体，可以得到较理想的画面效果。例如，要表现江南水乡的建筑物，青瓦粉墙，深灰瓦片，加上大片的树木，画面很出效果。

古建筑是我国民族的瑰宝，大都可以入画。图中着意刻画了古塔的每个面，获得较强的立体感，增加了画面的生动性。古代建筑在园林风景中尤具特色，描绘那些耸立于园林之中的建筑物时，应特别注意对周围环境的描绘，以加强衬托作用。

以轻松的线条表现建筑环境。着重表现建筑之间的空间层次，明暗关系，在松散的形式下又不失严谨的比例关系。

图 3-2-9　〔保〕克里斯托

采用综合描绘方法表现建筑环境。利用不同的线型表现建筑的材质感及光影变化，使画面生动逼真。

图 3-2-10　　　　　　　　　　　　　　　　　　杨真

图 3-2-11　以轻松的线条表现的建筑速写　　　　　陈曦

第三节 视 觉 笔 记

强调对视觉笔记的训练，是因为视觉笔记与速写相比，视觉笔记需要许多思想，而对绘画技巧的要求却不高。视觉笔记是用来记录已经选定了的信息，而速写不需要事先计划，却需要相当的技艺以作出精确的描绘。具体地说，视觉笔记就是以文字与图画组成的记录视觉信息为主的信息形式。这些视觉信息在很多方面也许受到文字的限制不能描述清楚，图画可以向人们展示你是如何观察事物以及感受事物的。视觉笔记通常是文字笔记的补充，它可以激发设计者的形象思维，提高其视觉修养，扩大自身的知识理解能力。视觉笔记一度被建筑师认为几乎和文字笔记同样重要。

以轻松的线条表现建筑环境。着重表现建筑之间的空间层次、明暗关系，在松散的形式下又不失严谨的比例关系。

图 3-3-1　　［英］保尔·荷加斯

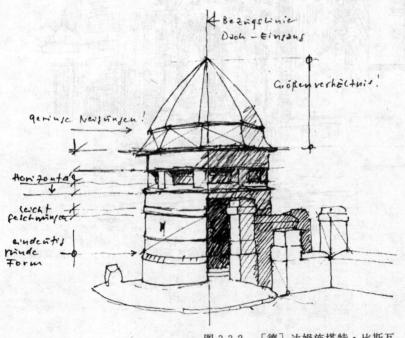

在描绘客观物象的同时，在画面上标出与之相关的文字说明及尺度信息，使之能更好地理解所表现的对象，并成为日后设计的参考资料。

图 3-3-2　　［德］达姆施塔特·比斯瓦

一、速写与视觉笔记

现今人们对速写的概念往往是一幅画家或设计师的写生作品，是绘画艺术中的一种表现形式、是不以文字记录的形式叙述的。这是我们过去对速写概念的理解。而在［美］诺曼·克罗、保罗·拉塞奥合著的《建筑师与设计师视觉笔记》一书中，对速写的概念有了新的提法。从本书的视觉笔记概念来看，它涵盖了速写及其他有关视觉艺术的笔记，提出

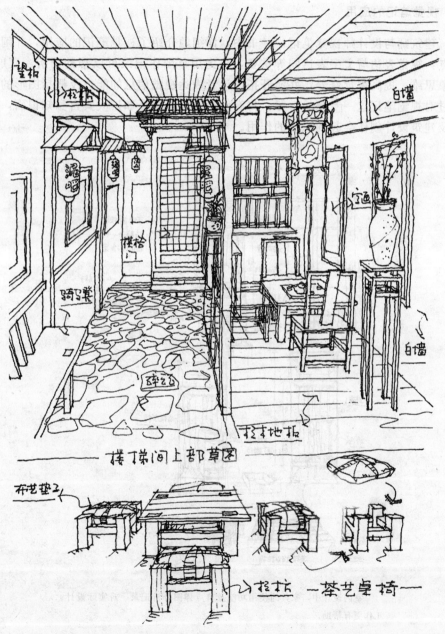

由于文字的介入使速写的内容更加详细、充实。视觉符号与文字说明相结合，更好地记录一个真实的空间场所及构成该场所的各元素。

图 3-3-3　　　　　吴卫

鼓励视觉修养。其理念基于这样一种观点，即视觉文化与文字修养同等重要。为了开拓表达视觉信息的能力，应该像记录文字信息那样记录视觉信息。所不同的在于视觉记录的内容主要是图形而不是文字。视觉笔记不仅是记录所见所闻，有时也是对某项设计任务的偶发灵感的记录，是受其事物现象启发后的反馈记述。而速写多指按照参照物，对现实对象进行快速写生时所记录的视觉笔记。今天我们强调记录视觉信息的能力将有助于我们更加了解自身以及周围的世界。

二、视觉笔记的应用

在《建筑师与设计师视觉笔记》一书中，详细地介绍了视觉笔记的应用，并阐述这样一种观点：视觉表达与文字表达同等重要，认为用草图作记录可以帮助分析、发展构思、激发形象思维、提高视觉修养，并能开拓设计者表达视觉信息的能力及概括图形的符号能力，通过对视觉笔记这一专题的学习，将有助于设计者提高和扩大其自身知识面，对今后的学习及建筑设计创作会起到积极的作用。

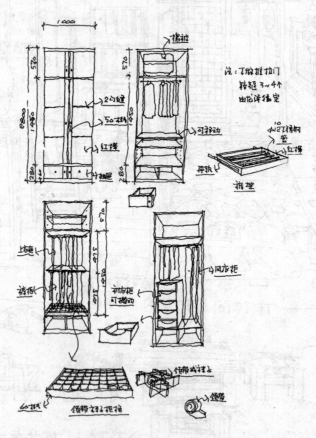

室内设计中，家具的使用功能及节点详图分析记录，对实际设计工作更有帮助。

图 3-3-4 吴卫

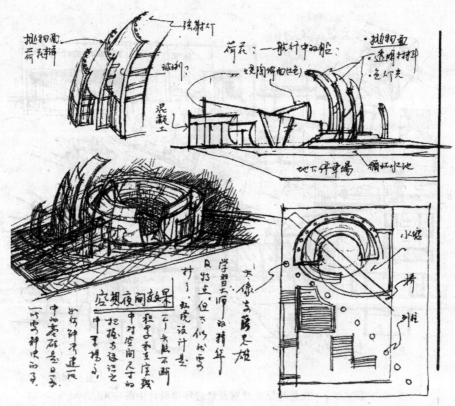

公共艺术设计视觉笔记中，对平面图、立面图、轴测图及节点详图都作了详细的分析记录，为下一步设计打下良好的基础。

图 3-3-5   王铁

[美] 伊沃尔曼·杰菲

图 3-3-6 视觉笔记在建筑设计过程中的应用

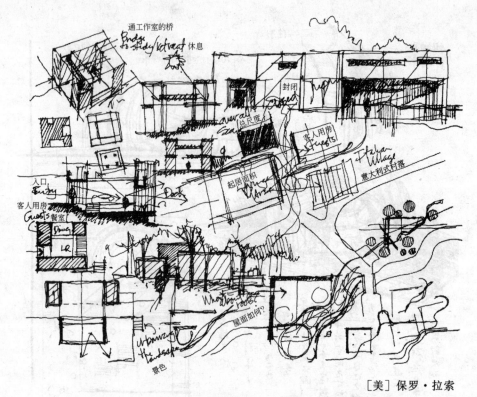

[美] 保罗·拉索

图 3-3-7　视觉笔记在建筑及周边环境设计中的应用

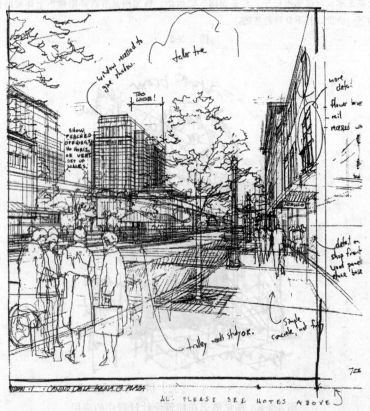

图 3-3-8

色彩设计

第四章 认 识 色 彩

　　来自外界的一切视觉形象都是通过色彩和明暗的差别关系显现出来的。对于可见物和人的视觉感知而言，有物就有色，有形就有色，空间、位置的界限和区别也是通过色彩和明暗得到反映，人们在看到形态、空间、位置、材料的同时必定也看到它们的色彩和明暗关系(在色彩学的研究范围中把无彩色黑、白、灰也作为重要色彩)。

　　在设计领域，色彩常常具有先声夺人的力量，所谓"七分颜色三分花"，正说明色彩是打动人或引起人的好恶判断的首要因素。现代科学技术提供了无比丰富的颜料、染料、涂料与其他着色剂，创造了多种多样的着色工艺，为设计师提供了色彩设计的多种可能性。色彩新材料与新工艺的不断产生也推动了新的色彩设计的进步。

　　研究证明，一个具有正常视力的人能够辨别出约 750 万种不同色彩的差异。如何学会支配这千差万别的色彩，并掌握色彩设计的原理呢？有两个途径如车之两轮，鸟之双翼：一要通过色彩表现技巧来理解色彩变化及组合规律(直接积累经验)；二要学习色彩原理，研究前人成果，把握色彩变化及组合规律(间接经验及实际体验)。本章将在这两方面展开研究和练习。

第一节 学 会 观 察 色 彩

一、面对多彩的世界

　　学会观察和分析色彩是提高色彩表现能力最为关键的问题。提高色彩评价能力和表达能力，要从关心色彩到学习如何观察开始。

　　关心色彩世界

　　当你用关注的目光审视身边任何一个角落，在看到千姿百态的形象的同时也看到千差万别的色彩，即使是最常见的白纸，也会毫不费力地找出四至五种不同的白色。看看自己的手背和手心也会发现那不只是一种肉色，有的地方是发青的肉色，也有粉色、紫色，甚至发绿的肉色。

　　有些初学者说我能看出许多近似色的微差，就是画不出来，调不出那些颜色，其实看到了差异不等于对色彩三属性有清晰的认识；不等于有能力对诸多色彩在色相、明度、纯度三个方面做出量化的认识，所以无法主动地控制和运用色彩(图 4-1-1、图 4-1-2)。

二、色彩是一种关系 初步认识三属性

　　色彩种类之多难以一一称谓，在判断这些颜色的特质，区别颜色之间的确微妙差别时，需要认识其自身的依据，这个依据就是色彩的三属性，即色相、明度、纯度。

图 4-1-1　色彩接近的静物　　　　　　　　　　　　图 4-1-2　草垛　　　［法］莫奈

色相：色彩的相貌、名称。色相是区分色彩的主要依据，也是色彩特征的主体因素。

明度：色彩的明暗程度，写生时涉及到色彩受光量的多少，每个色都有相应的明暗程度。

纯度：色彩的鲜浊程度，色彩中包含的标准色成分的多少的度数，也称为"彩度"、"饱和度"、"艳度"或"色度"。色彩含某一标准色成分越多，纯度就越高，色彩倾向就越明确，色彩感也越强。色的纯度与色相共同构成色彩性。纯度可以用数据来表示。

在面对一个色彩写生对象时，先要通过取景框来确定一"景别"，也就是写生对象主体在画面中所占据的大小、范围。借用这个影视摄影术语，是为了提示作者，可以像影视作品一样更灵活、更积极主动地选取有表现力的构图。景别划分一般分为五种：远景、全景、中景、近景、特写(图 4-1-3)。

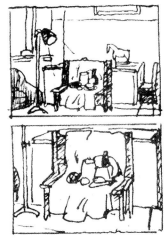

图 4-1-3　景别

确定了构图以后，先把整个构图看成一个二维空间的平面形态的组合，把复杂的物象及背景简化成几个大"色片"，这些色片的形态、大小、位置、相邻关系及各个色片之间在明度、色相、纯度方面的差别，决定了整个画面的色彩效果(图 4-1-4、表 4-1-1)。

色 片 分 区 分 析 　　　　　　　　　　　　　　表 4-1-1

1区	明度	色相	纯度	色性
2区	中等明度 1-A 较暗 1-B 较亮	红色	适中纯度	暖
3区	明度最低	紫褐色	中低纯度	较暖
4区	明度最高	粉、灰、蓝	低纯度	冷暖差大
5区	明度适中	黄褐、红	纯度比2区高	暖
6区	低明度	蓝、绿、褐	中、稍高	冷

对这5个色区（或称之为大色片之间）的差别关系要"一眼看全"（图4-1-4、图4-1-5）。

"一眼"即整体地同时地观察、"看全"即从色彩的三属性出发，通过1、2、3、4、5区的对比和联系找到色彩三属性的差别度。还要考虑到构图各个部分如何相互配置，面积的大小对比，相邻色之间的相互衬托、肌理对比，还有同类色在不同位置上的呼应情况。如第5区的冷色在3区、4区的局部都有呼

图 4-1-4　色片分区

应，使主体的色彩性更加强烈，体积感和光感更强烈、更鲜明。另外，还要看到形态之间形成的疏密节奏，每个形态的整缺和覆叠关系也会造成视觉能量的不同强弱效果。4区图形完整，色彩纯度高与相邻色明度差、纯度差、冷暖差都较大，与瓶子上的蓝紫色、褐色形成补色，成主要的先声夺人之色。面包色与白盘明度差2度，白色与黄褐色形成无彩色与高纯度色的强对比，与投影的蓝色形成色相补色对比，也是使4区成为精彩之处的原因（图4-1-6）。

图 4-1-5　有白砂锅的静物

图 4-1-6　上图的局部

最具有色彩性的是第5区，这里是整个画面中的冷色区，与其他色区在冷暖色性方面对比最强，是画面中起到激活暖色色性的关键之处。

第二节 色彩表现初步

一、写生前的思想准备

（一）准备

在开始动手写生之前，头脑中一定要建立起以下观念：

1. 画关系

看各个大色片之间的关系；

找各个大色片之间的关系；

比各个大色片之间的关系；

画各个大色片之间的关系；

忌只盯着局部模拟色标；

在没有找出每块色与其他色的差异与联系之前，不宜盲目动手。

2. 有光才有色——用色面造型

光照在物体上，必然反射出不同的色相，每个色相又呈现出不同的明度，并且在一定关系中形成不同的纯度感。

不同物体的受光部要联系成为一个受光系统。

不同物体的背光部要联系成为一个背光系统。

两大系统要各自保持彼此的冷暖差异，这些有差异的色彩都具有自己的一个外形。尽管轮廓或清晰或模糊，也要把不同冷暖的色彩归纳成大色片。大色片的外形要简洁并互相衔接。

3. 建立总体色调

每个颜色必须放在与其他色的得当配置关系中，特别要注意控制占面积较大的色彩的三属性与其他部分的差异，还有精心经营面积不大但在画面中起主导作用的对比强、醒目动人的补色"色对"，选择出令人产生兴趣和满足感的组合。

4. 记住"固有色"是可变的，随环境及光源色的影响而变化，"固有色"只不过是呈现一定色相倾向的色感觉，应该用不同的色表现"固有色"。

5. 把握好"度"，色彩的三属性都可以用数字表示为不同的度，初学者也许不能很精确地把握这些度，但一定要不断地在这个方向上努力。另外，对于画面完成面貌的繁简度也要有整体控制，有时寥寥数笔的简洁明快的画面，由于色彩关系恰当，它的完成度、完整度也很高。追求画面效果繁复、肌理变化丰富、色彩交织重重叠叠，也会成为很精彩、很必要的训练课题，但初学者还是从简约地画出大关系开始较好。

（二）初级写生要求

1. 对形体塑造、质感表现不作严格要求，本阶段写生训练目的主要是对色彩有正确的认识。

2. 用大号笔平涂为主。

二、课题训练

（一）课题

（1）高纯度、色相差较大，中等明度占 1/2 面积形成主调，用高明度色和低明度色(各占面积 1/4 左右)与中明度基调对比。这是一组色彩强烈、丰富，令人感到充实的静物(图 4-2-1)。

（2）高纯度、色相差较大，以低明度色为主要面积，用小面积高明度色与之形成强烈明暗对比，可把前组静物的大面积的衬布换成深绿、深红、紫色等明度低纯度高的颜色(图 4-2-2)。

1．高纯度组合

（3）高纯度、色相差小，以高明度色为主调，以低明度色与之对比，也可利用换衬布的方法完成组合。

（4）高纯度、色相接近，以高明度色为主要面积，采用与之接近的明度进行对比，形成轻柔而明亮的画面效果。

2．高纯度与低纯度组合写生。

3．中纯度与低纯度静物组合写生。

4．灰色、白色透明体的静物组合写生。

2～4 三组静物的明度差、色相差可根据第 1 组的情况决定。

图 4-2-1　高纯度强色对比的
中长调静物写生

图 4-2-2　采用大面积红色衬布做背景、
白炽灯照明，暗部呈灰绿色

图 4-2-3　白衬布前的鸡冠花　高长调

图 4-2-4　中纯度与低纯度的静物写生

图 4-2-5　无彩色组成的静物，仔细观察会发现

丰富微妙的冷暖差别　　　　林建群

（二）写生步骤（参看图 4-2-6～图 4-2-9）

图 4-2-6　色彩静物写生步骤一

图 4-2-7　色彩静物写生步骤二

图 4-2-8　色彩静物写生步骤三

图 4-2-9　色彩静物写生完成后的局部　林建群

1. 构图：在画面上定准主要形态的位置。

2. 用单色定稿：根据总色调的需要选择某种颜色（如群青、赭石、熟褐）画出大的明暗关系。

3. 铺大体色，认真观察、分析比较色彩关系，用较薄的颜色一鼓作气，把调子铺完。注意，要舍去细微的小差异，只考虑大色片之间相互的关系。作画时可先从一块最易把握的颜色开始或从最大色块开始，以便于同小面积色和点缀色比较，暗部、亮部结合着画，前后物体和背景结合着画。先大后小，先纯后灰，先薄再厚，这是基本的常规技法。也允许依个人的感受先从色彩关系较复杂的区域开始，也可在每个物体或色区先摆上一两笔颜色，逐渐延伸铺开。如果用水彩颜料，先浅后深，先底后表，再层层叠加；水粉颜料则先深后浅，有利于把握明度对比，进行形体刻画。

4. 深入表现

这个步骤是花费时间与精力最多的阶段，能体现出作画者的造型能力、色彩理解水平，对工具材料特性把握的程度。深入表现并不意味着不断地添加细节，也不是细节越多越好。而要把握整体关系"一眼看全，一贯到底"，并进一步丰富每个大色片内的微差。每个色片之间的关系画对了，对象的形体也就立起来了。每个色片都是整体中的一个部分，就像一个剧场的坐席，前排、后排、中座、边座各有各的位子。每个色片之间的关系画对了，整体秩序就能牢固地建立起来，这里的位子不只是平面上的方位，还包括色彩三属性的关系。所以写生时要"跳眼看"不要只盯着一个地方看，要在几个色片之间跳来跳去比较着看，直到找准它们之间的差异点和差异度，方才动手。

这一步骤要达到几个基本要求：

① 反复地从色彩关系的角度去衡量，使物象的形体、结构、空间、质感得到较充分的表达；

② 深入刻画后仍能保持画面整体和谐的色调；

③ 材料特性得到体现，或流畅、或凝重、或强有力的覆盖，或柔和地渗化融合，要明显地体现出材料美感；

④ 敢于用笔触去画，不要过分追求平滑、细腻。

5. 统一整理

深入刻画之后，有些局部在形和色的表现上难免画过了头，使画面不够整体，显得"花"、"乱"，这时可以把画放在稍远一些的地方，看看哪些地方表现太琐碎，大色片之间的关系有无冲突，色彩关系、边缘的虚实强弱是否得当。依据客观现象的总体关系和初次感受的第一印象来检验：基本形、总体色调是否走了样，对产生的问题进行逐一调整，使画面保持鲜明而整体的艺术效果。

统一整理阶段技法难度最大，能体现出作者的真正水平，切忌虎头蛇尾，开局时大刀阔斧，中局深入刻画忽略整体，终局时束手无措。因此，在整理阶段要能够正确认识目前画面的优点和不足之处，力求实现能令你产生特殊满足感、兴奋感的理想效果。米罗说："一幅画应该是一位光彩照人的佳丽。"一幅画总要有它的动人之处，在这阶段要多用心、多动脑，想好了再动手，不要一味埋头涂抹，有时巧妙地运用减法，减弱过繁、过实、过于跳跃的地方也能使画面更整体、更生动、更有韵味。

第五章　色彩设计原理

第一节　色彩三属性

一、色相(Hue，简写为 H)

色相是颜色面貌。我们借助色名来区别色相。不同的色相是反射不同波长光的结果。因各种不同波长的光是按波长顺序排列的，因而，在七色光谱上，色相的顺序是一种固定关系，但各色相之间并没有明显的边界，比如，700～610nm 的范围内分布着紫红—红—橘红—橘黄等不同色相；而在 450～400nm 不同波长内，分布着蓝紫—紫—红紫等色相。这样一来，七色光谱完全可以形成一个天衣无缝的圆环。人们根据这个关系制出一个排列色相的圆环，这就是色相环。

（一）色相环

色相环是按一定比例研究色彩的重要工具，在色彩研究中，不同的理论有与之相适应的色相环，虽然各种色相环的色相排列顺序是相同的，但基本色相数及排列的色相数有所不同，如孟塞尔色相环是 100 色相，基本色相是 5 个；奥斯特瓦德色相环是 24 色相，基本色相是 4 个。常见的色环，通常以三原色(红、黄、蓝)为基本色相，形成 12 或 24 色相环。

从色相环上我们可以看到这样的事实，即色相间的混合可以产生新色相。

（二）色的混合

不同色相按一定比例混合可以产生新色相。如果把 3 种基本色光(红、绿、蓝)等量相混，即变成白光，失去纯度；如果把 3 种基本颜料(三原色)，按同一比例相混合，就产生一种灰暗的色，也失掉纯度。如果两个补色按同等比例相混合，也产生一种没有纯度的灰暗色，而按不同比例相混合，可以得到有某种色相倾向的灰。按不同比例混合非补色色相，则产生千差万别的色相。

色的混合大致有 3 种：

1. 加色混合

加色混合，即色光混合。由于不同的色相是以色光的混合并直接投射的方式形成的，因此，给人的感觉十分美妙动人。光作为造型的一个重要因素，在形态创造上是不可忽视的，在色彩表现上就更加重要。

光的三原色为红、绿、蓝。红光和绿光的等量混合形成黄光，红光和蓝光的等量混合形成紫光，绿光与蓝光等量混合形成蓝绿光；红、绿、蓝光的等量混合即形成白光。如果改变比例，改变亮度，会形成更加丰富的色光。

2. 减色混合

减色混合：即颜料的混合。

三原色为红、黄、蓝。随着混合的色相越多，明度就越低。

另一种减色混合方式为叠色，即在一层颜色上再重叠另一种颜色。如果两种颜色为透明颜色，所得的新色相就成了稍稍偏向后叠颜色的中间色相，明度也有所降低。如果在红色上再叠加一层透明的蓝色颜料，那么叠出的紫色则稍稍带点蓝味；半透明颜色（如印刷油墨）的重叠，叠出的色相就更偏向后叠颜色。

掌握这种叠色的规律，在设计上可以用很少的颜色表现出更丰富的效果。这里关键是掌握叠印次序形成的色彩效果。

3. 中性混合

① 圆盘旋转混合：将颜色按同等比例放在混色圆盘上，通过马达进行旋转，于是各种颜色便混合成一种新的颜色。这种混合方法与颜色混合法相近似，但明度上却是被旋转各颜色的平均明度，像混色那样，明度会降低。因此，这种方法产生新色相的明度既不像色光（加色）混合那样，混合的色相越多，明度越高；也不像颜料混合那样，色相越多明度越低。这种圆盘旋转混合的明度处于前两者中间，故称为"中性混合"。

如果把三原色等量放在圆盘上，旋转后便形成一种中明度灰的效果。

② 空间混合：也属于中性混合的一种。与圆盘混合的方法不同的是，将各种颜色分别"切割"小面积，然后将它们并置，当退到一定距离看这些并置的小色块时，就会发现色彩的混合效果。因为这种混合必须借助一定空间距离才会有新的感觉，故称"空间混合"。这种方法可以在色彩印刷的网点并置上找到明显例证。新印象派（如修拉、西涅克等人）创造的"点彩画法"，即利用色彩的空间混合原理而获得一种新的视觉效果。如果颜色的面积越小，不同颜色穿插关系越紧密，混合效果越显得柔和。

用这种方法获得的新色相，显得丰富、多彩，且有一种跃动感，明度比减色混合要高一些。

红与蓝的空间混合会获得一种明快的紫色；

蓝与黄的空间混合，可获得一种明快活跃的绿色；

红与绿的空间混合，可获得一种跃动的近似金色的中明度灰。

（一）冷暖与进退

从色相环上看，有些色相使人感觉温暖甚至灼热，有些色相感到凉爽甚至冰冷，而有些色相则处于中间状态。但中性区在与某些色相对比时，可以形成不同的冷暖倾向，如紫与蓝对比，紫则显得暖；与红对比则显得冷。绿与黄对比显得冷，而与蓝对比则显得暖。

即使是暖色区的色彩，由于相互对比也会产生冷暖变化，如黄与橘黄对比，黄显得冷些；紫红与红对比则显得冷些。

冷色区的某些色彩在对比之下可以显得暖些，如蓝紫与蓝对比则显得暖，青绿与蓝对比，也显得暖些。

黑、白、灰虽然并无纯度，但由于对比也会有微弱的冷暖感，黑与冷色对比显得暖，与暖色对比显得冷些，白和灰也是这样。

黑白对比，白显得冷些，而黑显得暖些。各种色彩加黑也会比原来暖些，加白则比原来冷些。

由此可见，感觉主要来源于对比。也可以说，凡涉及到色彩，都会因为环境因素而产生不同的冷暖感。在色彩对比中，特别是近似色相对比中，如果冷暖感模糊，色彩感就较差，令人感到单调贫乏。

一般来说，暖色较为活跃，因此有膨胀感、突进感；而冷色则显得沉静，因此感到收缩、内向、后退。所以，在组合中，一般来说，画面中较突出的形态，如果冷暖关系处理不当会造成混乱，而使人不得要领。然而，如果面积对比较为悬殊，面积较小的色彩即使是冷色，也会感觉突出。另外，进退感又与纯度和明度有关，如果暖色纯度较低，冷色彩度较高，冷色仍然会突出；暖色面积较大，明度又较低，冷色面积小，明度又高，冷色仍然突出。因此，前进、后退关系要视情况而定，熟悉这种规律，以便用冷暖关系形成层次感。

（二）基本色相的心理效应

色彩富于表情，具有强烈的感情性。六个基本色相（红、橘黄、黄、绿、蓝、紫）的心理效应是形成审美情感的重要基础之一。

红色：在可见光中，红光的波长最长，纯度高，视觉刺激强，因此红色使人感觉活跃、热烈。同时红色又易联想到血液和火焰，所以有一种生命感，跳动感。又由于红色明度适中，不像黄色那样明亮，所以感觉比较有分量、饱满、充实。

由于上述特点，红色使人感觉富于朝气，甚至感到充满热情。所以在我们传统观念中，往往与吉祥、好运（鸿运）、喜庆相联，红色便自然成为一种节日、庆祝活动中常用色。

红又与鲜血有联系，能见度较高，常把它应用在引起注意，特别是危险信号中。所以在某种情况下红色又使人感到恐怖、危险、残酷；红色冲击力强，又有分量，所以由热烈引起高度热情感，乃至骚动不安的感觉，使人联想到某种强烈的欲望。

黄色：明度、彩度都较高，因此是非常明亮和娇美的颜色，有很强的光明感，同时使人感到明快和纯洁。

幼嫩的植物往往呈现淡黄色，因而黄色又使人有新生、单纯、天真的联想。

由于黄色明度高，所以与红相比，黄使人感到轻快、敏锐、单薄。

由于黄色又与病弱有关，所以在某种搭配中感到它贫乏无力。如黄色与带冷味的中或高明度灰和白相搭配，使人感到空虚与贫乏。

中明度偏暖的黄往往使人联想到黄金，所以黄色又使人感到高贵。

黄又与衰败、枯萎和成熟相关联，也可以使人联想到极富营养的蛋黄、奶油及其他食品。因此，黄色在不同的搭配中又会使人产生上述各种不同的联想。

橙：兼有红色与黄色的优点，明度也在红与黄之间，红色的热烈被黄的色相与明度所改变，而变得柔和，使人感到温暖又明快。因此，橙色是易于为人们所接受的颜色。

一些成熟的果实往往呈现橙色，一些富于营养的食品（面包、各种糕点）也多呈现橙色。因此，橙色又易引起营养、香甜的联想。

蓝：是冷色的极端。它沉静、清峻，往往具有理智的特性。苍天、大海的印象是蓝色的，因而蓝色容易产生高远、清澈、空灵的感觉。由于它与红色的热烈与骚动是对立的，因此它显得静默清高，远离世俗，使人感觉清净超脱。

蓝色的明度偏低，与一些重色相配合，易引起暗淡、低沉、郁闷和神秘的感觉；与某些冷色相配合，又易产生陌生、空寂和孤独感。

绿：既具有蓝色的沉静，又具有黄色的明朗，这两种感觉的融合形成绿色的稳静和柔和。因此也是易于被人们接受的颜色。

绿色与大自然的生命相一致，也与大自然的和谐与恬淡相吻合，因此它具有平衡人类心境的作用。绿色又与某些尚未成熟的果实的颜色一致，也容易引起酸与清苦的感觉。绿与黄相配合，可以产生明快的感觉，但面积如果没有差别容易产生单薄、贫乏感。

绿具有中等明度，如把明度降到中低阶段，与重色相配合可以产生稳定、浑厚、高雅感；也容易产生郁闷、苦涩、低沉、消极、冷漠感。

把绿色明度提高，可使人感觉到清爽、典雅。

紫：明度是所有彩色中最低的。紫在理想的对比中具有优美和高雅的气度。由于它含有红的成分，又具有蓝色的某些特征，因而很有分量，有种雍容华贵的感觉，同黑与金对比，可以加强这种感觉，但需要适当提高它的明度并使它带些暖昧。

冷紫与冷色及黑搭配往往产生低沉、阴气、郁闷、烦恼和神秘的感觉。

提高紫的明度可以产生妩媚、优雅的感觉，降低明度极易失去色彩性。

从以上介绍中可以看出，一个色相的基本心理效应并不是单方面的，甚至具有正、负不同方面的心理效应。因此，只有在一定关系中，才会有较为主要的、明确的心理效应。

（一）色相基调

色相基调指以一种色相为主要倾向的色彩组合。由于色相具备较强烈的心理效应，因此明确的色相基调，可以大大加强画面的心理效应，产生强有力的印象，便于识别，便于加深记忆。另外，同一种色相基调，也可以产生不同的感觉，这与色相的对比有关。如同样的蓝调，可以因某种不同色相对比（如蓝色基调中的绿、与蓝色基调中的黄或橘黄；蓝色基调中只有一块绿与有绿、红或其他颜色的组合等）而产生不同的感觉。蓝色也因不同的对比在知觉上产生不同反应。

（二）色相对比

如前所述，色相环上的色相排列次序具备色彩协调的因素。因为相邻色相由于具有大同小异的特点，所以渐次变化的效果可以取得协调。

那么，如果是相间隔的色相对比，即加大一些相异因素，因而获得稍稍强烈的效果；如果把间隔距离加大，那么，色彩效果就更加强烈。这样，在色相中，就存在弱、中、强对比。

弱对比：

在色相环上的同色组合，以及相邻色或间隔一个色相的组合（0°～60°），因为效果柔和，故称为弱对比。这种对比可以取得很统一的效果，使人感觉和谐、稳静，但除同色相之外，色相差小于30°，容易引起灰暗、单调、暖昧的效果。

中对比：

一个色相与同它形成60°～120°关系的色相对比。这种对比比弱对比效果强烈，但又很适中，很鲜明但又不像强对比那样容易引起眩目的效果。

强对比：

一个色相与同它形成120°～180°关系的色相对比，这其中包括在24个色相的色相环上8个间隔以上的色相对比和12间隔（补色）对比。这种对比视觉效果十分强烈，使人感到色彩饱满，丰富多彩。如果色相的面积、明度、纯度关系处理不好，容易产生混乱、眩目等不谐调的效果。

二、明度（Value，简写为 V）

物体表面反射的光因波长不同，呈现出各种色相，而由于反射同一波长的光量有不同，这又使颜色的深浅（明暗）有了差别。如前所述，如果各种波长的光全被吸收，则产生黑色；反射与吸收为等量则形成中性灰；全部反射则形成白色。

另外，各种波长的光，明度也有差异，黄光明度最高，橙光次之，红光和绿光居中，蓝光暗些，紫光则最暗，在色彩对比中，明度差往往是醒目的重要因素。为确定各种色相的明度，往往用从黑到白9个明度阶段来衡定各色相的明度值，以便进行各种组合。

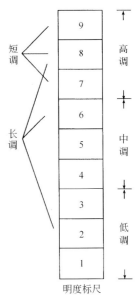

图 5-1-1

（一）明度标尺

用从黑到白9个渐次变化的明度阶段来衡定各种色相的明度值，这个明度阶段又称为明度标尺（图 5-1-1）。

黄的明度为8，橙的明度为7，红的明度为6，绿的明度为5，蓝的明度为4，紫的明度为3。以上6个基本色相之间混合出的新色相，因原来色相的量及混进色相的量的不同，明度则在这个范围中变化。

（二）明度基调

在 V7、V8、V9 这3个明度阶段上任取一种明度为主调的画面称为高调；在 V4、V5、V6 这3个明度阶段上，以任何一种明度为主调的画面称为中调；在 V1、V2、V3 这3个明度阶段上，以任何一种明度为主调的画面称为低调。这是依据明度标尺上的明度位置来划分的。

另外，由于构成一个色彩组合的各种色相之间对比强度不同，而形成长调和短调。如，主调为高调，而其中另外一些色相明度与这个色相或这些色相之间在明度差别超过4个阶段，因其在明度标尺上距离较长，故又称之为长调；如果一些色相与形成画面明度主调的色明度差别不超过3个明度阶段，因其在明度标尺上距离较短，故称之为短调。

为了便于研究明度变化，人们往往把复杂的明度关系归纳为6个基本调子（称明度基调）即：高长调、高短调（即高调中的长调对比和短调对比）；中长调、中短调；低长调、低短调（图 5-1-2）。

（三）明度基调的心理效应

高长调：给人以明快、开朗且坚定的感觉，但由于明暗反差较大，处理不好容易单调、贫乏。特别是带入色彩之后，如果用明度较低的色彩作大面积搭配。由于要提高明度，所以纯度必然降低，易使色彩贫乏，而导致画面没有生气。而用明度较高的色相，由于保持了相应的纯度，可使画面产生辉煌灿烂的效果。

高短调：明亮且柔和，使人产生亲切感，如透过薄纱窗帘的阳光，轻柔明媚而朦胧，

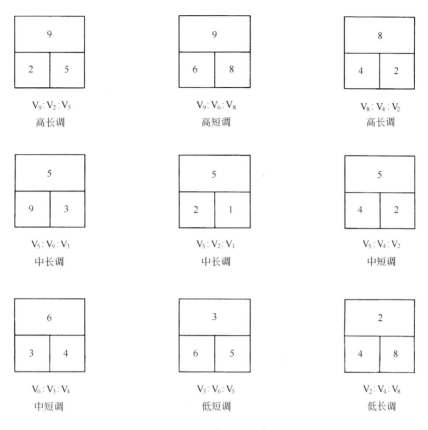

图 5-1-2 明度基调示意图

富于诗意。然而，处理不当，既容易色彩贫乏，也容易使画面无精打采，毫无力量，而失去注目性。

中长调：明度适中，对比又强，稳静而坚实，不眩目又具有注目性，很富阳刚之气，极易产生理想效果。

中短调：柔和朦胧，且很沉稳，像梦境而不失去根基，有力度而不失烦躁。

低长调：在大面积深沉的色调中有极亮的色彩，具有极强的视觉冲击力。如黑夜中的灯光，给人以希望，像沉郁中一声响亮的钟声，具有振聋发聩的效果。

然而由于是强对比，明亮的色彩要注意节奏，也要有其他色彩与之响应，否则将不协调。

低短调：厚重而柔和，具有深沉的力度，但明度差不宜过小，也要注意纯度变化，否则将使画面沉闷。

这仅仅是从明度角度看明度基调的心理效应，如果带入色彩，则又会因为色相的心理效应而使上述心理效应有某种变化。

三、纯度（Chroma，简写为 C）

纯度和色相共同构成色彩性。纯度可以用数据来表示（参见本章第三节孟塞尔表色体系）。

在色相一节中所说的色相对比，指的是各色相均在高纯度情况下的对比。

在颜色中加白、加黑或加与色相明度相同的灰，都可使纯度降低。

各种色相，不仅明度不同，纯度值也不相同，红和黄的纯度最高，而蓝、青绿和绿的纯度较低。

纯度基调：

纯度基调指以高、中或低纯度为画面基调的组合状态。

高纯度基调，给人以丰富多彩，原初感及平面化的感觉，使人想到节日的气氛，华贵、艳丽、欢乐、突进和热情。

中纯度基调给人以厚实、丰富又稳定的感觉。

低纯度基调给人以典雅、稳静、柔和的感觉，易使人联想起文雅、娴静的性格，以及理智的、内在的意蕴。

高纯度组合坚定而明快；低纯度飘动而朦胧。高纯度有具体的真切感；低纯度则具有超脱和远离感。

然而也由于色相基调和明度基调不同，纯度基调的心理效应也会产生不同的感情变化。

四、表色体系

表色体系是对色彩三属性的系统化的表现，是研究色彩调和的基础。

表示形式为：

1. 明度关系为垂直排列，亦称明度或黑白轴，上为白，下为黑，中间分布不同明度的渐次变化。

2. 在每个明度阶段上均向外延伸出某一色相的纯度变化，离垂直的明度色阶（明度轴）愈远，纯度愈高，因而纯度关系是与垂直的明度轴成 90°角的水平排列。

3. 各色相则在明度轴四周环绕，呈圆形。于是，明度、色相及纯度三者关系即为三维的立体关系。因此，又称为色立体（图 5-1-3）。

色立体的出现，标志色彩研究的科学化和系统化，为色彩调和的定量研究提供了方便条件。

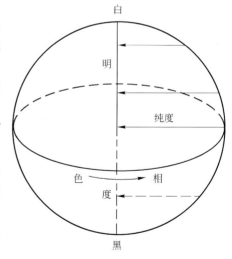

图 5-1-3　色立体示意图

第二节　色 彩 对 比 原 理

一、色彩对比的意义

（一）有对比才可见

视觉知觉原理证明：我们所看见的物象只不过是在特定环境（背景）中显现出的差异。因而，每个视觉形式要素都不存在绝对不变的品质。

色彩也是如此,一种颜色因周围环境改变而改变其价值。由于环境的变化,原来十分鲜明的颜色可能变得灰暗,甚至不易被发现;原来具有某种"表情"的颜色,却因环境的改变而"表情"也变了;原来并不动人的颜色,在换个色彩环境后,可能就产生动人的魅力,等等。

色彩的差异(对比)是普遍存在的,只要有两个或两个以上的要素,就存在差异。差异决定认知,同时因差的性质(强度、方式等)在知觉上形成对色彩的不同感受。同样一块红色,与绿对比则感觉十分充实、活跃;与橙对比则感到柔和,饱满之中感到沉着;而与红味的橙红并置,红和红味的橙红都显得暗淡,如果红被大面积红味的红橙色包围,这个红几乎消失了;如果这块红还与那块绿组合,而两者都变成高明度、低纯度,这两块色则显得十分稳静,似乎在优雅之中又焕发出一种含蓄的光彩,十分动人。

对比,是色彩"能见度"的前提,是色彩形成特定价值的根本条件。

(二)"色能"——色彩性的魅力

在色彩对比中,色彩的价值被充分显现。这种价值是色彩经营的落脚点,因为只有按预期目的,去营造色彩关系,才有可能使其产生这种价值,而这种价值是一种打动人心的东西,是色彩魅力的反映,是一种能量。比如把同一块蓝色放在与它等明度灰和暗红色背景上,你会发现灰背景上的蓝显得稳定并感到怠惰甚至毫无光彩;而在近于黑的暗红背景上的蓝则显得扩张、透明,似乎像宝石一样在闪光。单独的一块色是"多义"的,而只有给它以合适的环境,色彩才能闪耀出它特定的魅力,发挥出它特有的"能"。

二、同时对比

(一)同时对比研究的作用

视觉对差异的知觉主要来源于两个方面:一是一块颜色与背景或另一块色同时出现在眼前,这种对比方式称"同时对比";另一种是这块颜色与同它相对比的色或环境按先后次序持续地出现在眼前,称"相继对比"。相继对比主要靠头脑中储存的先出现的色或先出现的色的"后象"与后出现的色的对比。

同时对比要比相继对比对知觉的作用更直接,因而同时对比效果也就更为显著。因此,对同时对比的研究就具有基础的作用。相继对比并不是单一的随时间推进而全部以先后次序进行对比,在实际应用时,往往先出现的色也是连同环境一起出现,或仅仅这块色消失了,但背景还在,或连同背景一起被后出现的图形和背景代替。由于相继对比也往往有同时对比的方式,因而同时对比研究又具有根本性。对同时对比的研究是色彩组合规律研究的重要课题之一。

(二)同时对比内容

由于对比现象是极为普遍的,即在色彩问题上涉及的所有方面(如属性、存在条件、知觉条件等)均有对比。

1. 三属性对比

(1)色相对比——冷暖对比,补色对比;

(2)明度对比——调性对比;

(3)纯度对比。

2. 存在条件对比

（1）面积对比；

（2）位置对比；

（3）形态特征对比；

（4）肌理对比。

3. 感知条件对比

强度对比——强中弱；

在同时对比研究中，可将这三个方面中的各项进行交替从事，进行练习和体会。

（三）强化与弱化

强化是因上述各项对比中，色彩的能量被充分发挥出来，使本来不很强的色被"激活"成为十分动人的色彩效果。弱化是本来很强的色，在特定色彩环境中被冲淡，是一种"退彰"现象。

强化是色彩性的增强，主要来源于色相的强对比（冷暖、补色对比）、明度差在 2 以上的明度对比关系。即使是原本十分灰暗或色相倾向很不明显的色，由于色相差和明度差拉大，也会被"激活"。

当相异因素与相近因素并存时，由于相近因素的同化作用，而相异因素则自然得到加强，产生"异化"现象，如黄绿与橘红对比，由于黄味相互同化，因此绿与红得到了加强，使二者相得益彰。相同或相近因素为主导，而其他色彩属性又相近时，则产生"弱化"现象。

弱化可以作为一种调节手段。如到处对比都很强，可适当运用弱化的作用，调节次要部分的强度，使其产生柔和、滋润的效果。

（四）冷暖与补色推进

关于冷暖问题在本章色相部分"冷暖与进退"中已谈到，冷暖推进是视知觉的必然现象，但其前提必须是在知觉中无更鲜明的冷暖对比的情况下，本来不很鲜明的色彩间便产生冷暖推进现象变得鲜明起来。

补色推进是由视觉生理机制形成的。生理心理学研究证明，感色细胞是成对的，即感红细胞与感绿细胞相对，感蓝与感黄细胞相对，因而当人看到补色对比时便感到很完善，很饱满。而缺少一个补色时，视知觉便"自发"地去寻求那个补色，如观察一个色底上的灰色。

如果底子是红的，灰则呈现灰绿色（图 5-2-1）；如果底子是鲜明的紫色，灰则呈现灰黄绿色（图 5-2-2）。

如果是绿，灰则偏向红色（图 5-2-3）。

如果底子是鲜黄色，这个灰会显得很重而不透明（图 5-2-4）；如果把这个灰色明度提高到 V8，会呈现紫灰色（图 5-2-5）。

这几个实例可以证明补色和冷暖推进原理的灵活运用，可以对某一色产生"激活"或使之"退彰"。

图 5-2-5～图 5 2 6，同等明度的两个色并置更容易发生同时对此的"补色推进"现象。明度差大的两色并置，色彩性不一定很强，而识认度较高，在视距较长的情况下也容易看清图形，而色彩的震颤感较弱。

图 5-2-1

图 5-2-2

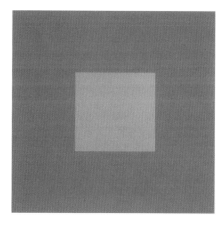

图 5-2-3

图 5-2-4

图 5-2-5

图 5-2-6

图 5-2-7，色彩性较差。如果把相邻的两色明度差拉近，色相差拉大，也就是冷暖差拉大，色彩性就显得较强(图 5-2-8)。

图 5-2-9，蓝色在橙底上显活跃，同一蓝色在黄底上显灰暗(图 5-2-10)。

图 5-2-11，同一紫色在 A 底上呈红紫，在 B 底上呈蓝紫色(图 5-2-12)。

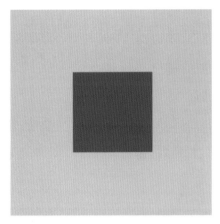

图 5-2-7

图 5-2-8

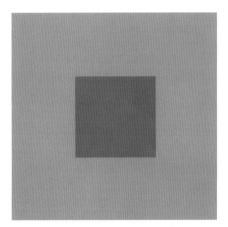

图 5-2-9

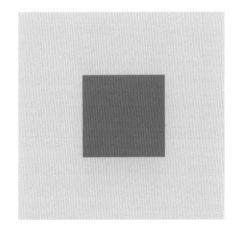

图 5-2-10

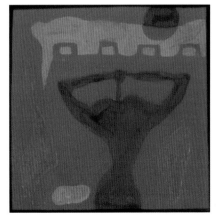

图 5-2-11

图 5-2-12

图 5-2-13，同一橘黄色在白底上，在重色底上，在高纯度的橙红色底上显示出明显的差异。

图 5-2-14，把明度为 5、纯度为 6 的红紫色置放在两个有彩色的环境中组合后，使其感觉为银灰。

图 5-2-15～图 5-2-16，把明度为 3、纯度为 6 的蓝色置放在两个有彩色的环境中，使之变得透明。

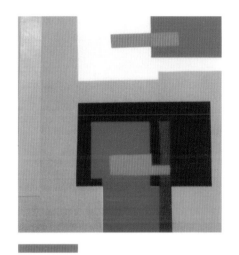

图 5-2-13

图 5-2-14

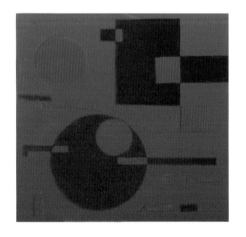

图 5-2-15

图 5-2-16

图 5-2-17～图 5-2-18，YR6/6 在 RP4/6 的底上，呈现明亮闪烁的黄橙味；同样的 YR6/6 在 Y6/4 的底上呈现不稳定的红橙味。

图 5-2-1～图 5-2-18 为色彩的同时对比效果。

图 5-2-17

图 5-2-18

三、小结

1. 色彩的视觉强度等于三属性的差异度，在色彩设计中最主要的原则就是控制和调整色彩属性之间的差异程度或称之为对比的强弱程度。

2. 明度对比的强弱将决定画面图形的认知度，尤其是较远距离的认知度。

3. 色彩冷暖对比的幅度将决定画面的色彩性的强弱。

4. 同一块色彩在不同的色环境中有可能被激活或弱化退彰。一个画面内，不同程度的"活化"和"退彰"的色彩组合，是形成和谐、丰富和生动的层次性的重要方式。

第三节　色彩调和论

一、色彩表色体系与色彩调和理论举要

（一）孟塞尔表色体系

孟塞尔于 1905 年创立了他的表色体系。该表色体系由色相（H）、明度（V）、纯度（C）来表示。明度：从黑（BK）到白（W）按 10 个阶段变化，在色立体上呈垂直关系，中心轴为无色彩的 N 轴，白为 N10，黑为 N1。色相：为 5 个基本色相，红（R）黄（Y）绿（G）蓝（B）紫（P）。这 5 个基本色相的相邻色相混，进而形成 10 个色相：R、RY、Y、GY、G、BG、B、BP、P、RP。每一色相又分为 10 个不同色相，如红（R），1R 是紫味较强的红，2R 紫味稍微少些，红味随之增强一些，3R 紫味更少些，红味更多些……，5R 是较标准的红，6R 则稍稍带点橘味，而 10R 就与 1YR（1 号橙）很接近……，每一色相都以 5 号为标准色相。这样，在孟塞尔色立体上共有 100 个色相。

1. 纯度：在孟塞尔色立体上，各色相的纯度值是不同的，如 5R 纯度为 14，愈接近 N 轴纯度愈低；5Y 纯度为 14；5G 纯度为 8；5B 纯度为 8；5P 纯度为 12。

2. 表色符号

孟塞尔表色符号为 HV/C，即色相明度/纯度。十个主要色相的明度和纯度如下：

5R4/14；5YR6/12；5GY7/10；5G5/8；5BG5/6；5G4/8；5PB3/12；5P4/12；5RP4/12。

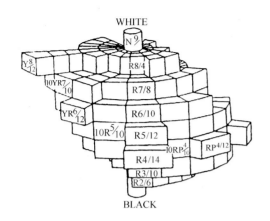

图 5-3-1 孟塞尔色立体

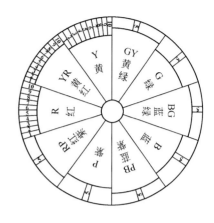

图 5-3-2 孟塞尔色相环

孟塞尔色标明度、纯度关系表　　　　　　　　　　　　　　　　　　表 5-3-1

HV	R	YR	Y	GY	G	BG	B	PB	P	RP
9	2	2	14	13C	2	1	23C	1	2	2
8	4	4	12	8	6	2	4	2	4	6
7	8	10	10	10	6	4	6	6	6	8
6	103C	12	8	8	6	6	6	8	8	10
5	12	10	6	8	8	6	6	10	10	10
4	14	8	4	6	6	6	8	10	12	12
3	10	4	2	4	4	6	6	12	10	10
2	6	2	2	2	2	4	2	6	6	6

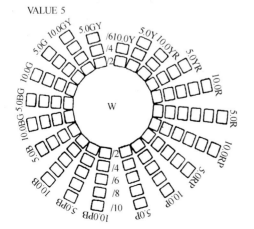

图 5-3-3　孟塞尔立体横断面

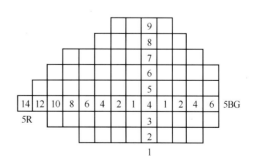

图 5-3-4　孟塞尔色立体纵剖面（补色色面）

孟塞尔色立体由于不同色相都有不同明度和纯度,所以并不是一个规则的形,而像一棵有着参差不齐的枝叶环绕在中心轴(无彩轴)四周的树,所以也有人称它为"色彩树"。

(二)毕林的调和论

美国色彩学家 F·毕林(Faber Birren)于 1934、1938、1945 年相继发表色彩调和论,毕林调和论属于实验性的经验范畴,很便于应用,归纳介绍如下:

1. 各色均可与含有等量的纯色,白色黑色相调和;

2. 含有等量白的色相和黑形成秩序,在平衡中求变化;

3. 含有等量黑的色相和黑形成秩序,在平衡中求变化;

4. 含有等量纯色的色相和黑、白形成秩序,在平衡中求变化;

5. 同灰具有单纯关系,并同这个灰的平衡表现出变化的色彩为佳;

6. 根据以上方式,使各色都成为含等量白的色彩是相宜的;

7. 配色时要尽量避免各色全是补色关系,因为那样太生硬;

8. 要有主调,要么是暖调,要么是冷调,不要平均对待各色,这样才产生美感;

9. 分离(开叉)补色比直接补色对比好;

10. 三色补色是优美的;

11. 暖色系与黑调和,冷色系与白调和;

12. 极亮的色彩面积要小;

13. 明度是色彩组合的要素之一,但只考虑明度也不够;

14. 等明度的蓝和黄不协调;

15. 与灰色组合时,要避免明度差过大。

二、色彩调和理论的认识及启示

(一)对调和理论的认识

孟塞尔的方法是以定量的方法规定色彩三属性的值,特别是对明度及纯度的规定,突破了以前凭经验对色彩进行定性研究。对色彩三属性同步变化问题(即一个颜色的色相变化,必然带来纯度和明度的变化,不同色相的明度、纯度是不同的)虽不十分完备(后经修正),但对三属性的特征乃至色彩组合的若干根本性问题的进一步揭示都有相当巨大的贡献。

毕林调和论提出一些有益观点,虽然没有严格、详细的定量分析,但其中蕴藏的"多样而统一"的形式美学原理,也是相当宝贵的。

此外,法国人奥斯特瓦德、日本色彩研究所提出的色彩调和理论对于指导色彩设计也都具有相当重要的学术意义和实践意义。

综观各家调和论,都有一个共同因素,即秩序和多样性(复杂性)的辩证统一关系,上述调和论的定量化研究,说明这种辩证统一关系仅凭经验进行定性研究是不够的,对于依据不同目的有分寸地经营这种辩证统一关系是很重要的,特别是对于基础训练,这种定量性研究的方法就更有意义。

瑞士设计家约赛夫·缪勒 斯威兹兰德(Joself Muler-suitzerland)在《图形设计家(Graphic Designer)的各种问题》中说:"如果按系统化、逻辑性原理运用色彩,那么色彩简洁确实比较复杂的搭配更具效果。运用色彩时,必须知道使用它的道理。"缪勒-斯威兹兰德从一个侧面指出了一个设计家在设计目的的控制下谙熟色彩原理的重要意义。

（二）启示

根据上述调和论的启示，对色彩调和一般原理归纳如下：

1. 秩序性和调和

外在世界在一种特定的结构中发展和变化。"……绝大部分不是有序的、稳定的和平衡的，而是充满变化、无序和过程的沸腾世界"。这是从宏观及恒远角度来认识世界，然而就人对局部及在一定时限之内所积累的经验而言，仍然认为世界是恒定的、有序的。这种认识的程度，与人们的本能及追求（诸如安定感和趋利避害的意识等），总是寻求平衡、秩序和谐调是一致的，而追求变化以及对实在的变化的认识是有条件的。

从这个意义上说，历代（特别是 20 世纪）色彩研究家们对色彩调和论的贡献——对色彩调和即秩序性状态的揭示，就具有深刻的启发作用。

在练习时，按前述调和论的一些基本方法去做，可以获得系统的认识，这是探索色彩调和本质的有效途径。

归纳这些调和理论家们的方法，大致如下：

（1）同一即调和

寻求在一定的色相中的明度和纯度的变化，这种变化按明度基调原理，必须以一个主调（高调或中调或低调）为支配力量，在这个统一的前提下形成秩序性的变化（长调或短调的数的关系、控制变化幅度）。

明度同一要在色相和纯度上变化。

（2）近似中求变化

参加对比的色彩在明度、色相、纯度三方面都很接近的组合中会给人暧昧或视觉上不满足的感觉，采用近似中求变化的方法，在对比色彩中加黑或加白，可以形成新的调和，控制好色彩的明度差在调和中具有重要作用。尽管一致性越强越容易调和，然而在明度和纯度上保持有秩序性的变化，色彩的审美度会更高。

（3）对比中求一致性因素

色相对比，要从寻求降低明度和纯度的角度以增加一致性，如果三属性都发生对比，则需要用中介因素加黑、白、金、银、灰，用这其中一种或几种调解剂来分隔各色。

另外，在色相、明度、纯度对比幅度较大（强对比）情况下，要使之调和，也需要寻求对比的秩序性（如色相差，明度差，纯度差的数的秩序）。不少参考书中经常提到的在色环上用三角形（等边、等腰等）寻求三色组合的色相关系；用正方形，各种长方形选择四色组合的色相差的秩序性；用五边形或六边形选择五色或六色组合的色相差的秩序性等等，都很有启发性。

2. 心理效应与色彩调和

色彩的心理效应与人们的经验、三属性对视觉的刺激以及人们的个性、气质、习惯及追求有关。

人们注意到，随着时代及生存环境的变化，人们对调和的追求会产生差异。尽管多样而统一的审美标准自古以来基本没有变化，但其形式特征都在发生变化。沉稳典雅、清新活泼、质朴稚拙、俊秀温柔……这些性格各异的美，其多样而统一的特征，或者说不同的结构秩序，是形成这种差异的基础，然而随着时代的变革，也由于人的不同追求，有不同的表现。

美学家克莱夫·贝尔的"有意味的形式"这个命题揭开了形式传递感情和理念的价值。可以说，只要符合人的理想(目的性评价)标准，即可以由特定形式诱发出对意义的认同。在其他时空条件下的"不调和"，在特定的时空条件下就被认定为美的东西。这就需要我们在了解一般规律的基础上去开拓新的可能性。"黑色饮料"包装和白色的室内色调，以往是不可想象的，但在色彩泛滥的现代社会中被接受，反映了人们对力度、洁净、安宁的追求。

在一般色彩调和论中，认为调和的根本是同一，这对揭示调和的秩序性因素是有贡献的，然而，在现代人眼中，调和的面貌却发生巨大的变化：各种被组合色彩能在混色圆板上形成中性灰的各种比例(面积、明度、纯度及色相差)，往往使画面四平八稳，而破调方法的运用，则打破了这种平稳的调和，产生具有强烈感情因素的新秩序。

对色彩美的认识还与追求和自身利害有关，从纯形式看是美的色彩，一旦与人们的追求和利益相关，就发生巨大变异甚至逆反。从纯形式上看，蛇的色彩是美的，有的浑厚质朴，有的典雅恬淡，有的明亮清新，如果把它运用到其他场合，会使人流连忘返，然而当蛇曲折逶迤而来时，色彩和花纹越鲜明越觉得丑恶可怕。当一个人的遭遇与某种色彩相关联，这种色彩无论怎样悦目，都会在他心理上产生变异。在上述情况下，利益和追求，淡化、甚至泯灭了审美动机。纯粹的审美活动是非功利性的，然而以实用功能为主要原则的设计活动，在构筑色彩计划时就不能不考虑目标对象特定时空中的心理情境。

环境特征及观赏距离对色彩调和也有着不容忽视的影响。在一个只能远距离注视的画面，由于空气和周围环境特征、色相、明度、纯度都需要拉大差距。在补色对比中，面积相等但采用打散和相穿插的方法并置这种颜色，以形成空间混合效果，也可调和。另外，环境的色彩因素也需要与被表现物的色彩秩序相联系，因此在某种情况下明度、纯度与色彩面积的比值一致性也需要突破。

造型活动(造型艺术和设计)是创造性活动，因此，具有很强的灵活性。在了解一般原理基础上，从目的出发，进行新创造(构成新的秩序)是每一个工作者终生追求的课题。

一切经验都是过去的产物，理论和原理(经验的结晶)只有成为创造未来新秩序的出发点，它才是有价值的。

色彩对比和可见度   表 5-3-2

图\地	赤	橙	黄	绿	青	紫	白	灰	黑
赤	—	40	46	25	26	28	41	30	33
橙	39	—	38	34	41	39	36	37	42
黄	43	40	—	45	45	43	14	41	50
绿	28	35	42	—	34	32	46	29	37
青	33	43	43	35	—	29	47	29	32
紫	30	44	49	36	32	—	49	35	27
白	39	42	22	40	44	42	—	39	46
灰	30	40	44	27	30	33	44	—	37
黑	35	43	51	34	28	26	50	37	—

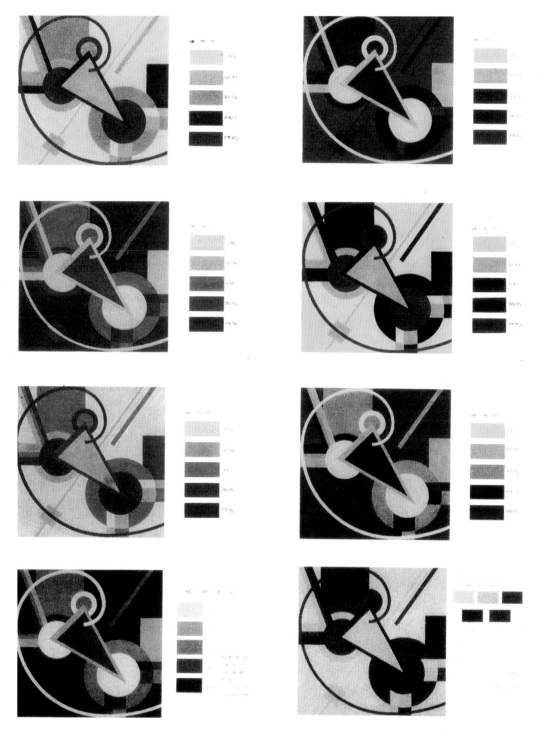

图 5-3-5　学生作业

　　一组按孟塞尔表色体系、蒙-斯宾萨调和论原理构成的同一纯度，不同色相，不同明度调和的作业和明度从高到低，纯度从低到高渐次变化的调和练习作业。

第四节　色彩设计基础练习

正如抽象语言是从现实中总结、提炼、分解、化合而来，色彩构成对色彩基本规律的研究，也是来自于现实的。现实包括自然环境和人工环境。人工环境是人类执着自己的追求向自然环境学习的产物，所以，我们第一部分练习就从学习自然开始。

第一组　采集与重构

人类赖以生存的自然环境，由于有了太阳，形成丰富多彩、千差万别的色彩关系。在一个可视环境的色彩关系中，每一块色彩都有自己的合法地位，都与周围的一切形成特定的秩序，产生特定的色彩价值。一座色彩原理的大厦，就是在对这种关系的不断揭示的过程中逐渐完善起来的。人的认识永无止境，就是因为自然界包容的要素（包括色彩）是取之不尽的。

让我们寻找一只蝴蝶或一片枯叶，也可以找一个拍照、印制理想的色彩照片，或者我们去找一幅写实性名作，或亲自画一张色彩写生，把那些难以想象的丰富色彩提炼出来，再把它们重新编排、组织起来，然后再对照你亲手制作的色相环和色相明度、纯度渐变表，体会一下你的作业为什么会调和？

1. 打方格

你如果用蝴蝶或其他具有理想的色彩的标本，你可以将标本压在一个薄玻璃板或透明胶片夹里，然后在玻璃上或胶片上打方格。格子不要太大，每格不要超过被表现物的十分之一。打格的目的是便于计算每种色的面积。

然后，在你的作业上也打上同样数目的方格，格子的比例要与被表现之物上方格的比例一致。

2. 按格起轮廓

打好格以后，开始按原件（标本、照片或画）在纸上打轮廓。凡曲线的地方均按方格的边界转折，形态、结构等要准。

3. 着色

按原件的色彩关系开始着色，尽量使各部分色彩按方格加以整理，色彩微妙处要适当归纳，使各部分色彩面积比例以及色相、明度、纯度关系都要尽量符合原件。

4. 再做一张更加简练的作业

完成着色之后，再在一张白纸上打格，每块方格大到相当于第一张作业四个方格大小。然后在第一张作业上用线把原来的两格画成一格（放大一倍）。在打好格子的白纸上起稿。起稿前，要认真分析第一张作业，注意抓住 4~5 个起主要作用的色，然后开始按新格的转折画形和结构，重要的但面积小的色彩，可以占半格或 1/3 格，但次要色彩和小的曲折可以大胆省略。然后再画上有代表性的色块。

如果是标本，可以只画实物的色彩关系，如果是照片或绘画作品，背景也都要一起画下来，因为每块颜色离开它的周围环境色彩价值就改变了。

另外，也可取一块色彩感觉均衡的局部进行采集。

5. 重构

把第二张作业上的结构关系做适当调整，形、色不变，构成一个抽象的画面。

　　用三角形、正方形和长方形(大小、数量自定)重新构成一个画面,把色彩重新进行安排。

　　重构时注意要忠实采集下的色相、明度、纯度、面积关系,保持与原来关系的一致性(以上练习见图 5-4-1～图 5-4-2)。

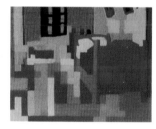
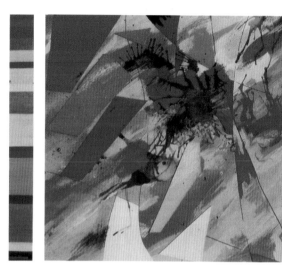

图 5-4-1　以凡高的作品为原型的一组采集重构作业

　　第二组　体会

　　尽管上述对色彩的分解可以在电脑上进行,但我们仍然主张亲手去画,因为这是熟悉配色、理解色彩组合关系的重要过程。因此这个练习的目的是理解,理解之后才能举一反三。因此,体会很重要。

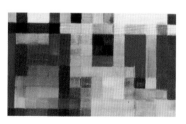

图 5-4-2　以室内环境图片为原型的一组采集重构作业

第六章　色彩表现技巧

第一节　较复杂的静物写生

"只要色彩丰富、形状就会饱满"是塞尚的一句名言。这一单元的训练目的是深化对色彩的理解、丰富色彩表现的手段，所以写生对象更加复杂丰富，写生工具材料也可以放宽限制。可用水彩、水粉、丙烯、色粉笔、油画等。

一、复杂静物写生基本要领及作业要求

随着写生对象数量、种类增多，色彩表现的要求也随之提高。物象色彩，越是差异大，越要找到联系，在初看似乎无联系的几块色彩之间要找到它们之间在明度、色相、冷暖、纯度方面的联系，避免孤立地模仿、照抄对象局部色彩。对于色彩很接近的各部分反而更要努力找出明度和冷暖及纯度的差别，要多作比较。亮的与亮的比，亮的与暗的比，暗的与暗的比，暖的与暖的比，暖色与冷色比，冷色与冷色比，高纯度与高纯度比，低纯度与低纯度比。相同色相或接近色相对比，相异色相对比，每个物象的轮廓的虚实相比，所有物象的高光相比，受光与受光部分相比，所有物象的暗部与暗部相比，投影与投影相比。比较的结果有时是要比出联系，即同一性，或比出微小差别，有时要通过比较找到明确的色性差别。对整幅画对比最强的几个局部要心中有数，色彩对比强弱要适度。光感较强的物象，要注意光源色的色相，冷光源（如窗外的日光漫射、日光灯）较强时，背光部与投影会呈现为暖色系。如果光源为白炽灯（橙色味），那么背光部和投影即应是蓝或蓝味等。把所有受光部分都看成一个系统，把所有物象的背光部和投影都看成光源色的补色，是表现光感强烈静物的关键。

图 6-1-1　有石膏的静物写生（室内光源）

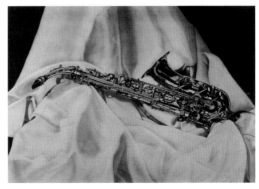

图 6-1-2　白衬布上的萨克斯　　学生作业

图 6-1-3　有布娃娃的静物
两种冷暖不同的光源　　林建群

图 6-1-4　有乐器与书的静物中纯度、
中长调组合　　学生作业

图 6-1-5　中纯度红黄蓝与无彩色
组合的静物　　林建群

图 6-1-6　窗外射入的晨光使平常的静物对比
强烈而有戏剧性　　林建群

图 6-1-7　圆号为主体的静物写生注重
金属材质感表现　　学生作业

图 6-1-8　金属器皿与果组合　只要色彩关系正确就
能轻松地表现出鲜明而实在的金属感　学生作业

图 6-1-9　采用大面积红色衬布做背景、白炽灯
　　　　照明、暗部呈灰绿色　林建群

图 6-1-10　白衬布前的鸡冠花
　　　　　高长调　　孔繁文

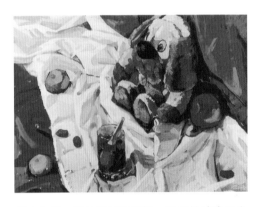

图 6-1-11　玩具狗与玻璃杯　注重材质感和光
的表现，用冷暖关系将白衬布表现
　　　　得比较充分　　林建群

图 6-1-12　工具与劳保用品组合的静物，
将日常用品表现得很有色彩感
　　　　　　　学生作业

作业：（1）灯光照明有石膏像的静物。
　　　（2）有乐器的静物。
　　　（3）有布娃娃的静物。
　　　（4）蔬菜水果及金属玻璃器皿等。

二、静物色彩写生的归纳、提纯及变异练习

为了适应色彩设计的需要，必须学会以一张画的具体物象为原型，按照一定的逻辑关系迅速派生出多种色彩组合方案的方法，在以后章节也还要进行拓展新表现可能的练习。以下作业也可用电脑完成。

1. 归纳、提纯练习

把复杂静物进行简化处理，省略每个单独物象细微色彩变化，在纯度和冷暖上做主观处理，用几块较整合的色片构成画面。可以做不同纯度或不同冷暖的几幅32开系列练习。

2. 变换光源色相的练习

在有白色物象和石膏像的静物组合上，变换投射光的光源色，以侧光源为主，这样能

 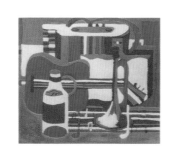 

 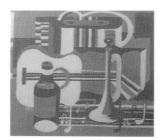 

图 6-1-13　以图 6-1-4 中的乐器与书为原型，归纳整理，简化构图，
　　　　　然后尽可能多地用不同手段，不同色彩表现　　　学生作业（建筑学专业）

清晰地反映出光源色、环境色与固有色的关系。从而加深对光色现象规律的认识，逐步熟悉和掌握光色表现与对象体积、空间、质感及明暗色调的具体关系，培养条件色观念即色彩的环境意识，从而加深对写实色彩的理解，摒弃受固有色认识所形成的僵化概念，进一步明确色彩是一种关系，为了提高这一方面的认识也可参考、分析几幅舞台灯光效果照片。

3. 改变衬布和主要物象的色相、或冷暖的练习。

4. 改变衬布和主要物象的明度的练习。

5. 改变衬布和主要物象的纯度的练习。

6. 采用拼贴的方法(如用旧的印刷品画报等剪贴或撕贴)。

7. 物象轮廓不变，在轮廓中填入平涂的主观色彩的练习。

8. 用九宫格或其他方法在既有线框上进行再分割，然后填入主观色彩的练习。

9. 截取原有构图的局部，放大后填入色彩的练习。

10. 参照立体派、综合主义时期的方法，主观地支配图形、空间关系及肌理色彩关系。

11. 整理原构图，强调轮廓线的一致性方向。用水平垂直格局或倾斜垂直格局再简化多余细节，塑造带有建筑般体量感的形态，然后带入写实性或主观色彩。

第二节　风　景　写　生

风景写生是重要的色彩训练课程，其目的是培养正确的色彩观察习惯，提高色彩表现能力与色彩概括能力，锻炼色调的建构能力，丰富色彩语言、加强色彩修养。

一、观察方法　学会概括

风景画的特点是空间大，表现对象宽泛，大而繁杂。大场面的风景画从近到远可以表达上千米甚至几十里的空间层次中出现的山河、树木，建筑、街道等景观，比起静物其体积要增加成千上万倍，形体结构及色彩变化也复杂得多，因而这种训练对高度概括能力的作用是不可忽视的，为此，可在三个方向上作概括：

(一)把物象从空间层次上概括为远景、中景、近景三大片色彩

近景：是距离作画者最近的某些景物，如树丛、建筑，近景不一定占太多的幅面。表现近景不一定意味着必须深入刻画，而是为了形成画面的纵深空间感的需要——与中景远景形成某种对比关系，可以是近大远小、近清晰远模糊、近繁远简的对比，也可是色彩关系上的近纯远灰、近暖远冷、近亮远暗的对比。

中景：往往是画面的主体部分，主要的景物放在中景比位于近景更感觉处于视觉中心而显突出。中景的刻画要求多样、充分，要调动多种表现手段，深入刻画景物的体积、空间，色彩要比其他部分丰富，笔触也须清晰有变化，形成画面中最精彩的部分。

远景：要画得概括、简练，体现出色彩的空间透视法则。删减变化，抓大体、成片处理，减弱色相与明度对比关系，"远山无石，隐隐如眉，远水无波，高与云齐"(唐·干维语)。远景景物只需数笔带过，笔触要虚而隐。

空间层次的表现在实际写生中是三层也可以是五层、七层。如近景二层、中景三层、

远景二层。

（二）把整个画面划分成天、地、物三者关系

这三者的面积、色彩、明度构成一幅风景画的基本内容和形式。天、地、物在风景画中是三个明确的色域。

1. 在色彩方面往往有以下三种情况：

（1）天、地色彩接近（同类色或近似）与物体色形成对比。如大海、江河、水天一色，烘托白帆点点。

（2）天、物接近、协调，与大地色形成对比。例如秋天顺光时，天的蓝紫色和树的蓝绿色接近与橙色的麦田形成对比。

（3）地、物协调，与天空色对比。如逆光的早晨，地和物较重，形成一体，与天空对比；在这种情况下要注意天与地的冷暖差别，否则会显得单薄。

有时天、地、物差别各自明确，色相各异，这种情况要主动打破僵局。

2. 在明度方面，天、地、物也有如下三种情况：

（1）天地相近，或亮或暗，与物体对比。

（2）地、物接近与天空对比，天空呈亮而透明的状态时，物体和大地便形成一体。

（3）天、物接近与大地对比。

天、地、物明度差各自明确时也适当调整，用色彩打破僵局。

3. 在面积上天、地、物有以下几种情况：

（1）视平线升高，或高出画面，大面积的空间描绘大地和物体。这样的构图有一种居高临下的俯视感，宜于表现宽阔、平远的景物。当视平线高出画面以后，容易产生沉重的压抑感。地和物占较大面积时，画面充满了实在的物质感。

（2）视平线居中或稍偏上、偏下，天地面积稍有差异，或天地面积处于黄金分割线附近，物体面积较小，宜于表现平静、温和、亲切的情调。这样的面积分割符合一般人站立时眼睛的高度，故看起来比较舒畅适中。

（3）视平线降低（低于常人站立的高度），地和物压缩，天空面积占有画面绝大部分，宜于表达动荡、深邃、崇高、思绪升腾、引人遐想等感觉。

（4）景物拉近，使其占画面绝大部分，天、地作为陪衬而稍加处理，重点刻画景物。

初学者可在一段时间以小幅色彩画练习安排天、地、物三者的关系，不必做任何细部刻画，画幅不超过 32 开为宜。这样的练习会使你以后在画大幅风景写生时一开始就能抓住画面的大关系进行主动处理。

（三）学会从画面平面结构上用几个大色块平衡画面、建立色调

1. 整体看、定调子

面对繁复的景物，从哪里着眼观察色彩呢？

首先看色调，从色彩的整体效果出发，主动地支配色彩。

一组景物有时是明确的，比较容易把握，某些大色块饱和鲜明，容易组成色调，如以金黄色麦田为主导色的秋景，以嫩绿色草地为主导色的夏景等。有时整个色调不明确，大色块是不明确的灰色，只有少部分小色块能看出色相，就比较难于把握了。这时要进行某些主观的分析处理，先要看占画面最大面积的色块的固有色倾向，然后看光源的冷暖色相，确定它的色味，是红味、黄味，还是蓝味，冷还是暖，以这块被确定的色彩为尺子去

确定与之相对的另一块颜色,当画面产生了 2~3 大块色彩以后,整个色调已具雏形,小块色彩以大块色彩为依据便各就其位了。

还有一些情况,是小块色彩决定画面调子:当你感到某些小色块十分优雅漂亮时,就要找到一种足以托出这块漂亮色彩的大块色彩作为背景。要特别关注色彩的同时对比效应,小块色彩的漂亮优雅和背景色(或叫包围色)密切相关。一块色彩放在一种色底上是漂亮的,放在另一种色底上可能精彩全无,整体看就是要研究色彩的总体关系,努力把握同时对比中的色彩的面积、冷暖色性及相邻关系的总体效果。

构成色调的色彩关系要简洁明确。要明确整个色调由哪几块色彩构成,其中哪些是主要色对(主要对立因素),哪些是协调服从因素。对比既有冷暖因素,又有补色因素。一般每一幅画以三大块色彩形成对比因素,关系不要过于复杂,如失去总体控制就会削弱调子的表现力。这三块色彩或形成冷、暖、冷的冷调,或形成暖、冷、暖的暖调。每一块色彩本身可以有许多变化,或分成几个非常靠近的层次,但三个大色块的总倾向和大对比关系不要破坏。三块色彩的面积或分量上不要平均对等,可以将一个色块尽量压缩,另外两个形成主色对,主色对也不要相等,一块具有明确的主导作用,另一块相对弱一点,才能形成明确的色彩秩序。

2. 局部比,找差异;同时比,找联系

当总体关系确定以后,便要将局部色彩推敲,归位,确定它在整幅色调里的地位,依照总体关系,它们有的可以提高、加强,有的需要削弱降低。对于比较明确的色彩要力求中肯、稳静,注意其空间深度,要知道任何饱和强烈的色彩放在现实空间里都会被相对降低和减弱,都要包含在总色调之内。

对色彩倾向不明确的色可用以下几种方法确认:

(1)联系比较:和周围比较明确的色彩比较,比冷暖、比色相、前后比、左右比,一眼同时观察几组色彩,从中确立它们的色彩,在同时对比中可以使不明确的色彩得到充实、加强。

(2)散开视焦靠感觉:对一块不明确的色彩,"盯"住一块仔细看常常觉得它游离不定,散开视觉焦点,或以多道"余光"同时观察感受几处色彩,就能比较容易确定它的色彩倾向。

用目光的焦点观察,是孤立地看;散开焦点,是成片看,可以说把视焦点同时定在理论画面的四个角上。所谓"牛眼看色彩","眯眼看调子",是可以采用的观察方法。

(3)以色彩理论指导观察,依据受光和背光的冷暖变化规律、远近色彩透视原理及画面的需要来确定那些色彩倾向不明确的色,一组绿树随着空间距离的增大,会"变得明度稍高而纯度降低,甚至会变成蓝紫灰色";一面红旗退到很远的距离也会逐渐偏向淡紫红;一块橘黄色在阴天的冷光中会增加绿味,而在艳阳高照时却增加红橙味。对色彩倾向不明确的色还可以带着主观意象进行写生,根据画面的需要可以主动地支配某些本来色彩倾向不够明确的色,"使一个普通的日子变成节日"(勃纳尔语)。

学会用几大块色彩建构色彩气氛和"光彩照人"的效果,需要画大量的小幅色彩风景速写和色彩记忆画。

(4)对互相接近的色彩要努力找出它们的区别和个性。

(5)对差别甚远的色彩要努力找出它们之间的联系。

（6）认识和把握色价。同样一组景物的色彩，有人虽然画得总体关系正确局部色彩也可以，但平淡、直白、乏味，叫人感到"俗气"；有人却画得出人意料，使人眼前一亮，感到色彩很高级、别致。这就是色价的不同。色价的高低和人的色彩修养相关。关于同时对比显示色价，在前一章的练习已有所接触。在画色彩画时要不断试图用冷暖并置的方法来激活相邻色，以获得色价的升华。

（7）抓住主色对，色彩差别要有主次，处于服从地位的色要协调、平静，主体色彩要有呼应关照，避免孤立。服从色要起到陪衬、烘托作用。

（8）过分强调明暗差会降低色彩效果；过分强调条件色的影响和变化会降低色彩的力度，有些画虽然色彩分析头头是道，推远看时反而很弱，原因正在于此。

（9）大融合、小对比：色彩之间大面积成和谐状态时，小面积色彩要加强对比。

（10）大对比、小融合：色彩之间大面积成对比状态时，便要由暗部和邻近色形成联系和过渡。

二、风景写生步骤

（一）立意

意在笔先，动笔之前先要明确表达什么感情，形成怎样的情调，明确景物什么地方吸引人，打动人。哪是主、哪是次，并据此来决定相应的构图和表现方法。

（二）起稿

基本特征和动势。主要和重要的物体可详细具体一些，非主要部分可略加勾画，所用勾稿的颜色须以不影响下步设色和易于覆盖为宜。稿勾完后要特别检查大的区域分割线、大的形体比例、动势线是否得当，不恰当时要轻轻改过来。

（三）铺大色

由大到小，由远及近，从整体最大的色块入手，抓住每块色彩并置的总面貌，依序较快地将颜色布满画面。注意以下几点：

1. 要看每块色彩的总面貌，不看小变化。

2. 要多看色相冷暖，少看明暗变化。

3. 多看平面少看体积变化，每块色彩不能过分追求与物象完全一致，力求几块色彩之间的关系明确得当。

4. 色相不要过分饱和鲜明，要注意纯正度变化、稍稳，色层要薄。

5. 第一块颜色力求中肯、准确，因为随后上去的色彩要以此为对比标准。

6. 当画面色彩基本布置上去以后，已朦胧体现出画面的基本效果，这时候不要急于深入，冷静检查推敲一下是非常必要的，整个色调是否符合原来的设想，情调、光感、气氛是否基本成立，对深入刻画完成后的效果要作初步估计。如需改动要慎重行事，仔细推敲以后再改动，有时小色块的调整便可牵动大色块变化。

（四）深入刻画

不断使画面的总色调、大关系更具体、更明确，每个具体物象个性更鲜明、生动，物象之间的联系更紧密、更自然，同时伴随着局部色彩的逐渐丰富，形象确切，细节充实，画面由朦胧到清晰，从犹豫不定到中肯、坚实。

深入阶段要注意以下几点：

1. 掌握重点，刻画主要部分，避免平均对待。主体有鲜明个性特点，有说服力、感染力，非主体只交待基本形和朦胧而得当的色彩，切勿喧宾夺主。

2. 要逐渐深入，不能一遍求成，深入刻画局部若脱离整体反而产生虚假俗气之感，过早地添上精彩部分会叫人感到勉强和单薄。这一点要吸收古典绘画的法则：高光能免掉则尽量免掉不画。

3. 时时关注整体，画一块颜色同时要与邻近色及其他关联色比较，经常"眯眼看""牛眼看""退远看"。有时一块颜色画不准可以暂放一放，画画其他部分再回来处理，一块颜色准与不准是对周围的颜色而言。要将整个画面巡回着画，对每个物象都不做最后处理。每次都在建设，逐步接近最后效果。

4. 有人知道保持大关系，而画细部时调不出更充分的色彩或不敢画局部，画到最后还是大关系。画面没看头，面对这种情形就要着重加强造型能力的训练。深入刻画有几点须时时强调：

（1）总色调明确；

（2）形体转折尖锐、有几处要棱角分明；

（3）把构图概括成几块明确的大几何形，在大形里找出丰富的差别；

（4）画面应保持恰当的对比度；

（5）铺大体色时某些自然流露的生动笔触要注意保留，防止滑、腻、浮等不良习气。每次深入刻画都不是全面覆盖，要留住前次所画的某些部分。

（五）整理

深入刻画阶段难免陷入局部使某些部分处理不当脱离了整体，这时候要回到整体关系上进行调整。调整一般以自然的总体印象为依据。检查总调子是否体现出来，色彩关系明暗层是否得当，形体是否有说服力，画面是否统一完整，要力求画面完整鲜明。

铺大调子时要大笔恢恢，情绪饱满，作好铺垫。深入刻画阶段要笔精意到、尽情尽致。最后调整时要小心谨慎，仔细收拾，整个画面要力求有气韵贯通、一气呵成之感。最优美的色彩，也可最后覆盖上去。

整个写生过程第一阶段比较明确，深入和整理过程实际上很难明确分开，常常两个阶段反复交替进行，室外写生不能无限制地长时间画下去，有些不够满意的地方可以回到室内来整理(图 6-2-1)。

（六）关于调色技巧

调配颜色如同炒菜之掌握火候，讲究"又熟又嫩"，许多生动的色彩在于颜料的配方和调配得"恰到好处"。几个颜色相混，不要在调色盘里搅和时间过长，调死了就很难看，有时笔在两色之间多搅半圈色彩就失去了同时对比或空混的精彩效果。"又熟又嫩"是指画面上色彩关系得当、大色块沉静、稳重、明朗、肯定（是熟）；笔触的方向、大小、复叠关系错落有致、有生气，运笔速度、力度自然丰富，几个色相混合时混而不死（是嫩）。任何一幅好的绘画，都具有一个共同的特点：关系紧、笔墨松，关系严谨恰当，无论是明度、色相、纯度、冷暖还是轮廓线的虚实、形体空间的表现，都恰到好处，而用笔塑造形体和空间时却表现的轻松、自然、流畅，正所谓气韵生动。技巧问题，除了多动手练，还要多看，多分析大师的作品，一味工整细抠不行，不顾及严密的量化的关系，又容易流于焚箫煮鹤式的涂鸦，所以调色技巧还要大胆试验、细心揣

图 6-2-1　风景写生步骤　玉泉小站的"水鹤"　林建群　孔繁文

摩方能提高。

三、风景的色彩归纳与提纯作业

　　归纳色彩写生也可理解为限色写生，以限定的几种颜色来概括表现丰富复杂的景物，具体方法是先画好一幅色彩写生，对所画景物已有充分的认识，然后再完成若干幅不同处理方法的归纳写生。这样训练的目的是提高对自然色彩的分析、概括与提炼的能力，从而体验以少胜多和更加自由地表现的可能性。同样是表现自然界中五彩缤纷的光，印象派大师莫奈的处理和野兽派大师杜菲的处理方法有很大不同，莫奈用较小的笔触，描绘景物在外光照耀下时时刻刻变化的瞬间印象。而杜菲则更关心整幅画的共同色调所传达出的明媚的光感，不过分地强调某一物象自身受光背光的色差，不一味模仿，完全自由地运用色彩的力量以勾线平涂的方法表现出空气新鲜，阳光充溢，澄明亮丽的海滩、赛马场，他解释自己的作品是用色彩来制造光线，而非由光线来制造色彩，他主张艺术家可以给任何物体任何颜色。

　　归纳与提纯作业一般要用大笔平涂的方法，用色数量尽量精简至五六种或三四种，可以保持常规的光色关系，也可以加强主观处理，力求神似原景物的意境，描绘手段更趋装饰化。表面手段减少，而色彩关系更加准确有力。

　　1. 不同光色效果的风景写生练习一般采用 32 开尺寸，尽量在半小时内完成。基本训练目的也是提高概括能力，用最简约的色彩手段，准确地匹配几个为数不多的色块之间的相互关系，明确地构筑整体的、有鲜明特征的、能表达具体时段（早、午、晚）季节、气候情况的景物。方法是用大笔画小画，在同一地点、不同时段，甚至不同季节、气候情况下写生，如日落、日出、正午时分分别以崭新的目光来观察整体色调的特点，避免使用雷同的颜色。

2. 同一景物不同构图和色调变化写生

对场面较大的景物作截取局部的处理，由于面积的改变可能会发现新的色彩匹配关系，得到新的色彩印象。画幅不大于 32 开，形式可以自定，可以采用竖、横、正方和超常比例的画面形式。体会景别变化也可能带来色调的变化。

图 6-2-2 尼斯的赌场   ［法］杜菲

图 6-2-3 平山秋夜   林建群

第三节 色彩想象及表现练习

色彩想象及表现练习是不同于一般色彩写生、色彩构成的训练课题，目的在于培养既能迅速捕捉写生对象基本特征又能迅速创造出多种表现面貌的能力。这是设计师最重要的素质之一。

富于创造的人，往往有孩子一样的心，要留心观察周围的事物，发现别人所未看到的东西，要有好奇的、灵活的、独立的、巨大的探索精神和乐观主义精神。不要怕因为出奇而出错，那样永远也不会有精彩的好主意。想像力就是人脑超越于事物可能性之上的一种能力，最不现实的想法或许是最有用的，想法越多选择的机会也越多，勇于更新和冒险是创造性造型所必不可少的两个要素。要大胆地尝试用夸张的手法来表达出你对事物的独特感受，要充分相信自己的感觉。每一次尝试都会培养你的创造力，不要去随大流，要敢于乐于采用不同的材料和技法去处理同一主题。要学会分析和看到表象后面的关系。要创新，就要突破一些规则束缚，就必须具备两种能力：第一是充分了解这些规则，第二是明确自己为什么要打破它们。

现代绘画的基本原则是画家、美学家莫里斯·德尼（Maurice Denis）所制定，他在1890 年写道："我们知道，一幅图画在是一匹战马、一个裸体、一个故事或其他之前，本质上不过是一个色彩按一定秩序安排的平面"。现代绘画反对自然主义，认为绘画是纯粹的色彩，其主导思想正确与否姑且不论，他们对色彩表现规律非常重视并作了大量探讨，这一点对我们就很有启发。

创造不仅仅是指做前人未做过的事，也包括做你自己没有做过的事情，能制作、发明或想出一些对自己而言是新的东西，那也是在创造。一个人不满足现状并试图改变现状才会有所创新。

第七章　室内环境的色彩设计

第一节　室内环境的构成要素

一、室内环境的基本要素

室内设计是为了满足人们生活、工作的物质要求和精神要求所进行的理想的内部空间环境设计。二战后，室内设计才逐渐从建筑设计中独立出来而成为一门独立的学科，因此，室内设计是建筑设计的有机组成部分，而在建筑的内外环境设计中，室内环境是人们生活和工作最为主要的空间环境，与人的关系也最为密切。随着社会的发展和生活水平的提高，人们越来越重视室内环境的质量，在满足物质和功能要求之后，人们开始追求精神上的满足。在此过程中，室内设计也经历了一个从发展到成熟、从装饰到设计这样一个演进过程。同建筑设计一样，室内设计也经受了各种思潮、风格和流派的影响，设计的手法和形式更替频繁，但无论风格和形式如何变化，在设计时室内环境中的一些基本构成要素是不变的，因此，这些构成要素便成为室内设计的出发点和基础而存在。这些构成要素包括与建筑构件固定在一起的部分，也包括可移动的部分，如家具、陈设等，还包括可感知的光线。

室内环境的构成要素主要有：

1. 光线：主要是灯光，也包括自然光。

2. 六大面：墙面、地面和顶面。

3. 分割与隔断：划分空间的到顶或不到顶的墙、框架等。

4. 家具陈设。

5. 装饰品陈设。

6. 植物陈设(绿化)：各类盆栽的植物与花卉等。

7. 色彩。

构成室内空间环境的各要素必须同时具有形体、质感和色彩，色彩会使人产生多种多样的情感，还会突出空间形体以及表现质感。因此色彩对于室内空间的表达和空间氛围的调节有着非常重要的作用。

光线

没有光就没有色彩，也就无法识别空间和感知环境，它是视觉的中心并反映着一切事物的形态、质感和色彩。

在室内光环境设计中，光环境分为人工照明和自然光环境，出于对人的健康和心理需求以及经济、成本等方面原因的考虑，与人工照明相比，自然光无论在过去、现在还是将来都会是首选的设计要素(图7-1-1)。

安藤忠雄设计的光的教堂就是以出色的运用阳光的渗透而著名（图7-1-2）。人们经过一个开在一片斜墙上的开口便进入了教堂，眼前突现出一个明亮的"光的十字"，光线的变化产生的突然、强烈的明暗对比，建筑师在光明与黑暗之间创造出了一个神秘、静怡的宗教空间。安藤忠雄有很多因与光的结合而为人所知的建筑作品，他在建筑中用光的设计意匠和娴熟技艺也使他赢得了"光的大师"的赞誉。安藤忠雄认为："光和影能给静止的空间增加动感，给无机的墙面以色彩，能赋予材料的质感更动人的表情。"

图 7-1-1　自然采光的室内

图 7-1-2　安藤的光教堂

在建筑历史上也有很多成功的利用自然光作为设计元素进行设计的例子。罗马的万神庙顶部圆形采光口似乎暗示光明真的来自天国，光照加强了宗教的神秘感(图 7-1-3)。

位于君士坦丁堡的拜占庭帝国的宫廷教堂——圣索菲亚大教堂(S. Sophia，公元 532～537)也是一个成功的运用自然光的例子，其中央大穹隆直径 32.6m，离地 54.8m，在穹隆底部密排着一圈 40 个窗洞，光线射入时形成幻影，使大穹隆显得轻巧、凌空(图 7-1-4)。

图 7-1-3　万神庙内部

图 7-1-4　圣索菲亚大教堂

虽然自然光环境比人工照明更能满足人的生理及心理需求，但在现代室内光环境设计中还是更多的依赖人工照明。人工照明不像自然光有时间、有活力，但其特点是它可随人们的意志变化，通过灯光色彩和强弱的调节，创造静止或运转的多种空间环境氛围。此外，它还有界定空间、组织空间、改善空间、增加美感等作用。在保证了足够照明的同时，光可以揭示空间、完善、调整空间，夸张或减小体量感，强调或改变色彩的色相、明度及纯度等。

人工光源的光谱特性使人们有很大的选择余地，选择合适的灯光以及照明方式，去营造所需的氛围、情调。灯具造型的选择除了光照效果

图 7-1-5　灯具造型选择

外，还需考虑其形式是否与整个室内的风格、气氛相一致，有没有美感等问题（图 7-1-5）。

现代社会人们追求的是照明的精神功能、具有审美倾向的照明的文化性，也就是更重视照明的装饰作用和制造气氛、情调的精神功能，强调照明产生的视觉环境的美学功能及心理效应。

六大面

在室内装修过程中大多从地面、墙面、顶棚开始入手。当人们进入一个室内空间时，第一个接触到的就是地面。地面也是人接触最多的承受面和维护面。地面的起伏变化是丰富空间、划分和联系室内空间的重要方法，也是创造趣味的重要手段，而不同使用功能的空间也可以由不同质地的地面色彩图案的变化加以划分。如面积较小的室内空间就可以通过地面的质地和色彩向墙面扩展，视觉上会产生地面增大的感觉，墙面向顶棚扩展可以使空间显得更高一些。但色彩也不能片面地运用，各种色彩都应在对比或协调之下发挥作用，色彩变化要与主调相统一，所以确定室内的主色调是室内色彩设计非常关键的一步（图 7-1-6、图 7-1-7）。

图 7-1-6　冷色为主调

图 7-1-7　暖色为主调

　　室内陈设可以指陈设品，也可以泛指除了六大面以外一切可移动的物件。一般大致可分为家具陈设和装饰品陈设、植物陈设（绿化）。

　　（1）家具陈设

　　家具一般是室内的主要陈设物，人们总是要借助一定的家具才能满足活动的要求。家具的体积较大，尤其是在住宅、办公室等室内环境中尤为显眼。家具的色彩设计除了要考虑怎样与墙面、地面等室内其他要素相互匹配的问题外，其本身也有一个款式、样式的问题。不同的国家、不同的历史时期、家具的流行样式是不同的。当今社会业主的文化修养、职业爱好可以说是千差万别，所以不同的人会选择不同款式或样式的家具（图7-1-8）。

　　（2）装饰品陈设

　　装饰物对室内环境气氛和风格起着画龙点睛的作用，陈设位置的不同也可以使室内空间发生变化。陈设物放在视平线以下可以改变室内上部空间的不理想，装饰物本身也不宜有太强的向上的动势。相反，一些易于仰视的装饰物可以掩盖建筑空间下部的不理想。同样，建筑如有优美的顶部，可以采用有向上动势的装饰物引导人们的视线。装饰物的放置也可以暗示一个空间的结束，另一个空间的开始。此时，它与半通透的隔断或柱子具有相同的作用，不会阻碍人们的视线，却阻碍了人们的行动，从而给室内空间带来了丰富的层次。

　　室内挂一些画，摆点装饰品不仅美化了环境，而且提升了环境品位，体现主人的素养和爱好。从空间来看也有点缀、丰富的作用。色彩上也是如此，少而精，点到为止。这样既丰富了生活、增加情趣，也装饰美化了生活环境，不至于使室内杂乱而喧宾夺主（图7-1-9）。

图 7-1-8　现代室内家具

图 7-1-9　色彩点缀

　　（3）植物陈设（绿化）

　　植物可以调节室内空气，调节温湿度，改善小气候，增加视觉和听觉的舒适度。同时，由于人们对回归大自然的向往，对植物有一种偏爱，将植物引入室内，内部空间兼容了外部空间的因素，室内外景观自然过渡，把室内与室外联系起来，无形中使室内有限的空间得以延伸和扩大，丰富了室内空间。

　　植物极富观赏性，能吸引人们的注意力，因而起到空间的提示和引导作用。植物不仅可以限定两个功能不同的空间，还可以阻挡视线，围合成具有相对独立性的私密空间，并对室内色彩进行调节（图 7-1-10）。

二、室内色彩设计与室内环境的气氛

室内环境气氛的形成是室内诸多要素共同作用的结果。任何一种固定的或非固定的物体一般都同时具有形体、色彩和质感等。因此，色彩可以成为创造环境气氛的一种手段。只不过色彩对视觉感受影响较大，易引起注意，从而使得色彩成为最经济、最有效的手段。达到什么样的环境气氛很大程度上是由房间的使用功能决定的。一个房间其使用功能往往不是单一的，而是复合的，多个的。

图 7-1-10 室内绿化

图 7-1-11 所示是一个具有中国传统风味的起居室。房间较大兼有会客、起居作用。其中家具和字画等具有非常典型的传统符号，是现代设计及技术手段与传统文化的结合，令人产生浓烈的怀旧情绪。色彩以栗壳色为主，传统气息浓郁。

图 7-1-11 中国传统风格的室内

图 7-1-12 厨房色彩设计

图 7-1-12 所示是一个厨房兼餐厅的设计。厨房放个小餐桌不是吃正餐、只是用来吃早点或便餐的。因为厨房里东西较多，较零乱，不易做到整洁。所以，设计师大胆的运用色彩，将橱柜加工台等均用高纯度色如绿、蓝色来统一，既避免了脏乱，又扩大了空间。以冷色调为主，几点黄色来点缀，这个厨房显得个性强烈，不拘一格。显而易见，色彩起了主要作用。

对于复杂功能的房间，确定主导功能及其环境氛围存在一定难度。例如，住宅客厅的使用功能很多，有接待、娱乐、看书、健身等，实际上家庭聚会，休息娱乐才是主要的功能，一般六大面的设计以清淡的背景色为主调，辅以灯光来创造需要的环境氛围。室内装修时重新布线如果只设一套容易产生问题。比较成熟的办法是以吊顶、落地灯等为主的暖色灯用以满足节日、来客时需要，而以日光灯、筒灯、节能灯，射灯为主的冷色灯供日常之用，既节电、省开支又能创造不同的环境气氛，在不同的时段使用客厅某一部分区域。

色彩与室内环境氛围的关系是手段与目的、动机与效果的关系。要达到好的效果，仅有动机是不够的，如何落实才是重要的。色彩调和是进行室内色彩设计的目标。实现这个目标有两个途径：第一种在统一中求变化，也称类似调和，即把同色系的颜色放在一起，有色相类似的关系，容易取得协调。假如同时在明度或彩度上也相近，则显得单调，这时就要在彩度、明度以及材质上寻求适当对比，以求得总体均衡。第二种是在变化中求统一，称为对比调和。先追求变化，再把统一的因素加上去，取得协调。

图 7-1-13 所示一例无论明度、彩度、还是色相上反差很大，很难调和，但黑色和白色通过淡灰色的中坚力量而达到了统一，而白色的墙面与光滑的硬木地板取得了一种协调和平衡，最后的室内效果还是很协调。

图 7-1-13　室内的色彩调和

三、室内色彩设计与光色效果

室内环境与人工光源的光照效果关系极大。人工光源光谱不像自然光那样是连续光谱，而是断断续续的，因此人工光源会呈现出颜色来。当然，随着科技的进步，仿日光的稀土灯问世，人们可以享受既节能又有理想光色的人工光照。

图 7-1-14　红色年代室内

一般来讲，人工光源光色分为两类：冷色或暖色。人工光源在创造环境气氛方面作用显著，产生的色彩效果超过自然光。室内环境氛围的创造更多时候需要人工照明与室内色彩的协调、搭配来共同完成。

运用人工光源进行照明时，除了考虑光源的光色外，更重要的是考虑光源色投射物体后与物体的固有色重叠的效果。对于欣赏壁画、雕刻、雕像等，更需要从人体工程学的角度考虑光源的位置，透射的角度以及被照射物体的材料反光问题。研究表明，环境的视觉清晰度（Vsual Clarity）是由灯的颜色性质，即显色指数和照度共同决定的。用显色好的灯（显色指数 Ra＞90）照度即使降低四分之一以上也比用显色差的灯（Ra＜60）效果好，更让人满意。

图7-1-14～图7-1-16所示为成都"红色年代"娱乐中心，设计师刘家琨以红色作为其设计的母题，而红色象征着革命、青春、叛逆、激情，这些也都成为该娱乐中心的主题词。设计师运用红色和照度较低的暖光源营造出了一个特征鲜明、极具活力和视觉震撼力的空间。因此设计师在设计中需要合理运用人工光源的光色、照度，使其与室内色彩完美结合，共同作用，才能营造出特定的、出色的室内环境氛围。

图7-1-15　室内灯光设计　　　　　　　　图7-1-16　室内入口

四、室内色彩设计与空间感

色彩之所以能调节室内的空间感是因为色彩看起来有轻重、远近、冷暖的感觉，其他条件相同情况下，同样面积的色块明度高的、暖色的、高彩度的看起来不但大些也显得近些，反之则小些、远些。此外，线条分割密，也能使色块看起来比实际的大。色彩视错觉的特性，如果能在室内设计中加以恰当运用，就会创造出我们期望的空间感，使杂乱、拥挤的空间显得整洁、敞亮，使单调、空旷的空间生机盎然、紧凑舒适。

图7-1-17所示的室内，通过在室内设置高纯度、低明度的家具来与白色的地面及墙壁形成强烈对比，使整个室内的空间感发生了变化。

图7-1-18所示室内，采用顶棚条形光带照明，正面墙的色彩是左侧墙面色彩的延伸，然而右侧面墙颜色深，光照又不足，其上的带形窗又与会议桌强化了空间的进深感，正面墙与左侧墙的处理有意引起人的视错觉，造成了一种奇特的空间感受，进而达到调整室内空间感的目的。类似的手法见图7-1-19。

图7-1-17　强对比空间

图 7-1-18　改变、异化空间感　　　　　图 7-1-19　强化空间进深感

第二节　色彩调和理论在室内设计中的运用

任何一件优秀的设计作品，无论其色彩的运用或丰富多彩、雅俗共赏或简洁单纯、高雅风致，都会呈现出调和的视觉效果。调和是构成色彩美的根本因素，也是我们在设计中应该遵循的原则。因为调和的配色才会给人以赏心悦目、品位高雅之感，反之则会使人感到生硬、刺目、品位低俗。奥斯特瓦德说过："效果使人愉快的色彩组合，我们称之为和谐。""和谐就是秩序。"因此色彩调和是设计对象统一、和谐的必然要求。

色彩的调和是有两种以上的色彩放置在一起所产生的，单一的色彩是构不成调和的。调和的基本原则从根本上说是为了满足人体生理学上的假定的补色规律。例如，当我们注视一只发光的黄色灯泡，转眼间就会产生一种幻象，这种幻象的色彩会随着时间的推移向黄色的补色转化，并逐渐消失。这就是人体自身的视觉修正现象。伊顿认为："眼睛之所以要安置出补色，是因为它总是寻求自己的平衡，色彩和谐的基本原则中包含了补色规律。"因此，只有当色彩的搭配能够满足我们视觉的平衡需要时，人体本身才会获得从精神到生理产生的愉悦的快感。

色彩调和一般可分为：单色调和、相似调和、对比调和、多色调和。

单色调和指的是在色彩设计过程中选择同一色相的色彩进行设计，通过明度和纯度的变化取得协调。这种方法较容易取得调和，但处理不好会使人感到单调、毫无生气。通过对同一色彩在明度和纯度上的变化来组合、搭配，创造出一种层次上的差别、对比，进而达到一种既统一又有变化的效果。

相似调和指的是选用那些相互邻近的色彩作为设计的搭配用色的方法，由于在色相环中位置相邻的色彩之间含有共同的因素（如蓝色与紫色互为邻近色又都含有蓝色的因素），因此，选用邻近色作配比色也是极易取得协调效果，会给人一种既包含不同色相对比又含蓄统一，既有变化又统一的配色效果。

对比调和指的是运用对比色彩（如红与绿、蓝与橙等在色相环中 180 度相对应的色彩）进行搭配使用进而达到统一和谐的配色效果的方法。这也是色彩设计中最难掌握的一种。

多色调和，所谓多色调和就是利用四个或四个以上颜色进行搭配所取得的调和。这种方法也是设计过程中运用较多的一种，其难度也较高。

多色调和在配色时，不要采取各色等量分配的方法，而应从中选出一个主导色，并排出其他色彩的大小配置顺序，可以取得调和的效果。

以上几种色彩调和方法中，对比调和是设计配色中最难的一种，要使对比的色彩产生和谐的视觉效果，一般可以遵循以下几点原则：

1. 在对比的色彩中加入同质要素，如同一原色或间色，使各色彩向此色彩靠拢，达到调和的目的。

2. 在对比的色彩中加入中性色如黑、白、灰等，提高或降低各对比色彩的明度或纯度，达到减弱对比取得调和的目的。

3. 利用无彩色系的颜色，即黑、白、灰、金、银插入对比色彩的交界处，通过划分区域来缓和对比矛盾，如中国的木刻年画，红、黄、蓝、绿等对比色块充斥画面，但是用黑线或灰线套印上轮廓，就调和统一了。

4. 增加色彩分布的交互穿插，将原有针锋相对的布局改变为"你中有我，我中有你"的格局，整体上的变化就会减少对比的视觉刺激度而增加统一感。

除上述方法之外，在设计过程中，无论采用哪一种色调都需要注意"量"的均衡，要掌握好色彩面积的比例分配以及色彩纯度关系。一般来讲，在两种不同色彩组合搭配时，一种面积大一些，另一种色彩面积要小一些，当加入第三种色彩时，面积分配应为第一种大量，第二种适量、第三种少量。而纯度面积的关系为大面积的色彩纯度应该降低，高度饱和的色彩只用在较小的地方。

此外，色块的均衡不仅仅是面积大小的问题，而且还要考虑颜色的刺激程度。"万绿丛中一点红"属对比色调但面积相距甚远，说明两者的刺激度同样相差很大。这里不是追求一种"量"的绝对值，其实也没这个必要，因为我们的视觉接受能力可以调节，就是说有一定的容忍度，一定的适应能力。

以上我们探讨了一些色彩调和的方法，在具体实践过程中还要结合实际的对象加以具体分析研究，合理使用。

下面介绍一种运用调和理论进行室内色彩设计的练习方法。

室内色彩设计与室内环境氛围的关系可以通过利用以下方法来进行探讨：

1. 确定一简洁的室内构图

首先选取室内环境某一局部，如窗帘、床、墙面、地板等等，利用平涂的方法进行填色。

2. 用不断变换色调的方法来探讨室内色彩与室内环境氛围的关系。

不改变主体，确定一主调，主观的设计色彩和搭配，改变明度、冷暖，通过对比与调和产生不同的色彩搭配进而形成不同的空间环境氛围。

3. 具体方法：先确定主调，包括明度调子，如高长（短）调、低长（短）调等，再选择色相冷暖，如以蓝为主或以红为主。接着，确定纯度基调，即占画面最大面积的色彩为高纯度还是低纯度。在画面大的主调已经确定的前提下进行填色，大面积色彩完成之后再进行小面积色彩的调整。此外，在练习中还可以加入色彩肌理的设计，通过不同肌理的选择会得到很多意想不到的效果，为以后室内陈设设计及材料的选择上提供更多的参考（图7-2-1～图7-2-6）。

图 7-2-1 色彩分析：高短调，明亮且柔和，使人产生亲切感，如透过薄纱窗帘的阳光轻柔明媚而朦胧，富于诗意。

图 7-2-2 色彩分析：高长调，给人以明快开朗、坚定的感觉，具有动态、大胆和强烈的特点。

图 7-2-3 色彩分析：中长调，明度适中，对比又强，稳静而坚实，使人感觉富有朝气，充满热情。

图 7-2-4 色彩分析：中短调，暖色调给人古典传统的感觉，柔和朦胧，且很沉稳。

图 7-2-5 色彩分析：低长调，在大面积深沉的色调中有极亮的色彩，具有极强的视觉冲击力，给人以明快年轻的感觉。

图7-2-6 色彩分析：低短调，厚重而柔和，具有深沉的力度。

第三节　采集重构与室内色彩设计

在绘画艺术中，色彩表现是决定一幅作品成功与否至关重要的一条。对于一幅成功的绘画作品来说，当人们关注它的色彩时看到了什么？是色彩带给人的愉快和非愉快的情感经验。当我们欣赏大师们的作品时，除了给我们带来情感经验之外，就是作品中所有色彩都能在一个统一的整体中配合起来，彼此互相关联。也就是说，他们所使用的色彩在任何情况下都能同时符合各种色彩和谐系统提出的简单规则。和谐的色彩会产生美感。那么我们就可以通过对这些绘画作品进行色彩提取和归纳，通过采集重构和理性的分析而得出与作品近似并且和谐的色彩搭配，进而运用到室内色彩设计创作中，尽管艺术家们在运用这些色彩时更多时候靠的是他们的直觉而不是理性的计算。

向大师学习色彩是郎科罗创造的一种方法。他曾经做过一系列颇有影响的由大师作品中取色使之转化为可用于室内色彩设计的实验。如图 7-3-4 所示，他从凡高的《向日葵》中求取色彩，经过整合，把这一组色彩非常巧妙地运用到一个卫生间的色彩设计中去，使空间中充满了阳光。

以下为四组为由郎科罗所做的采集重构实例（图 7-3-1～图 7-3-4）。

图 7-3-1　天使　　　　　　　　夏加尔

图 7-3-2　黄色桌布　　　　勃拉克

图 7-3-3　戴帽的女士　　　毕加索

图 7-3-4　向日葵　　　　　　　凡高

　　同样，在室内色彩设计过程中，也可以利用已有的优秀的室内色彩设计实例，利用采集重构的方法进行分析归纳，总结出和谐、匹配的色彩搭配，进而运用到自己的设计之中。实例见图 7-3-5。

　　此外，利用这种方法也可以对归纳后的色彩进行再设计，这样可以在原有色彩的基础上不断地探讨室内色彩设计的各种可能性，包括色调冷暖、色块面积等(图 7-3-6)。

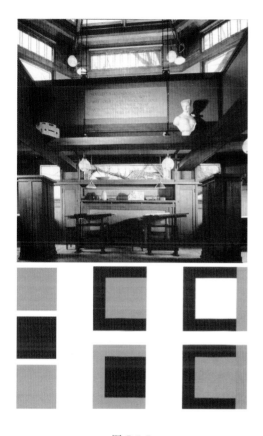

图 7-3-5

图 7-3-6

第八章　室内装饰设计的色彩表达

第一节　室内设计效果图水粉画法

效果图的画法种类很多，水粉画法是其中的一种。它的特点是覆盖力很强，能很精细地表现所设计的室内空间，包括室内的气氛、物体的光感、质感的充分表达。一幅优秀的室内设计效果图应该是科学性和艺术性相统一的产物。在画图时，有人过分夸张地使用色彩，目的是要绘制出缤纷的画面来，这往往会使人感觉到失去真实感，而带来一种不自然的感觉。绘画中所谓虚实变化的手法，在室内设计效果图中也适用，画面要有主次，有重点，有良好的衬托。在绘画技巧上应注意干湿结合，薄厚结合，虚实结合，笔触应注意疏密结合。

使用吸水性比较强的画纸，如：水彩纸、水粉纸，着色时颜色比较沉着、均匀。把已经画好的室内透视图拓在图纸上，需要注意的是水粉纸、水彩纸的纸质颇为柔软，在拓图时避免使用橡皮，因为将纸面过度弄花，在染上颜色时，会使画面显得格外的粗糙，而且会渗出界限之外。如果遇到这种情况应毫不犹豫换一张纸。拓图可以使用铅笔、一次性绘画笔或签字笔。描线应注意线的疏密关系，物体质感的表达，借助于三角板或直尺画直线，遇到曲线时应使用曲线板。

第二步便进入彩色的渲染阶段，准备好水粉色，画之前把水粉色中的胶质物去掉，含水性较好的平水粉笔、圆毛笔（大小白云笔、衣纹笔）、界尺、调色板等画图工具。动笔前要构思完成后的画面效果，激发自己绘画的热情，做到胸有成竹。

渲染的程序是从顶棚、墙壁、地面等面积比较宽阔的部位着手，选择大号笔来渲染。可徒手，也可用界尺，运用薄画法，含水多一些，画得速度要快，若运笔过于缓慢便会出现颜色深浅不一的情况，看起来比较花。第一遍颜色画好后，要等到完全干透后再画第二遍，记住不要反复涂抹，这样也会出现前面的情况。

顶棚、墙面和地面在画面中面积大，颜色画得要整，不要过多地强调笔触。同时这三个界面可根据室内功能设计的不同，来加以个别强调，突出其中一、二个界面。在画舞厅等强调室内空间气氛的室内效果图时，可先画一遍底色，颜色是室内空间的主导色彩。因为水粉色覆盖力强，顶棚中的灯光，地面上的家具等物体的投影部分可在第三遍中画出来。

再接下来是画室内的家具陈设部分，例如：会议室中的桌子、沙发，餐厅中的餐桌、餐椅、吧台等，用中小型平水粉笔，颜色中的水分要适中，色彩要饱和，先画家具的中间色，干透之后，用比较亮的颜色画出受光面，用暗的颜色画出阴影部分。这时可适当留一些笔触，来体现物体的质感和光感，笔触有聚有散，这一阶段如果一口气把家具画到完成后的效果，在整体画面效果中，家具就显得很突出。脱离了周围的环境，看起来比较

"楞"。要时刻注意画面的整体关系。一般着色二到三遍就可以了。最后用小号衣纹笔，借助界尺画出家具等物体的高光。画高光的时候，也要注意室内空间的前后关系，一般近处的高光要画得强、明显，而远处的高光就要画得弱一些。

　　一幅完美的室内设计效果图，要有生动的配景部分，所谓配景包括人物、植物、餐厅中的杯盘、灯具，商店中的服装、鞋帽等。这个阶段是最能使作者把本身的个性充分发挥出来的时候，要求作者要有一定的绘画速写功底，而时常被忽略的便是配景的表现。

　　配景可分：近景、中景、远景。适当的配景可以加强室内的空间感，使画面更生动。例如：在画人物时，要谋求整体画面的协调，并非是随意加入便了事，还得配合画面的气氛，同时还有填补真空的作用。人物的装扮要有时代气息，其最重要的作用是使人联想到人物和室内空间之间的关系。服装的色彩和周围的颜色相协调。当然一幅效果图中，配景也不宜过多，不可喧宾夺主。

　　以下是具体的绘制步骤：

　　绘图步骤 1：用铅笔在白卡纸上绘出透视图稿（图 8-1-1）。

图 8-1-1

　　绘图步骤 2：用比较宽的板刷铺出大的色彩关系，色彩要薄一些，以透出底图轮廓为好（图 8-1-2）。

　　绘图步骤 3：概括得画出物体轮廓分出大的明暗色彩关系，还是薄涂（图 8-1-3）。

　　绘图步骤 4：精细描绘重点局部直至完成（图 8-1-4）。

　　最终效果（图 8-1-5）。

　　效果图图例（图 8-1-6～图 8-1-9）。

图 8-1-2

图 8-1-3

图 8-1-4

图 8-1-5

图 8-1-6　卧室设计

图 8-1-7　起居室设计

图 8-1-8　厨房设计

图 8-1-9　某宾馆大堂设计

第二节　室内设计效果图水彩画法

　　水彩颜料最基本的特点是颗粒细腻而透明，介于水粉和透明水色之间，色彩浓淡相宜，绘画表现技巧丰富，画面层次分明，适合表现结构变化丰富的空间环境。

　　渲染是水彩表现的基础技法，有平涂、叠加、退晕等手法。不仅有单色的晕变，也有复色的晕变，不仅色彩丰富，还表现了光感、透视感、空气感，显得润泽而有生气，这是渲染的表现效果。传统渲染技法结合现代水彩画中水洗、留白等绘画技巧，减少渲染次数是近几年来水彩表现图的表现趋势，它的优点是省时，画面效果醒目。拷贝透视线图，如渲染技法较多，选择铅笔拓线图，也可选用笔尖较细的一次性绘图笔，颜料选择锡管装水彩色。

水彩技法的程序感很强，画之前想好绘画程序，以达到最佳效果。一般从顶棚、地面画面所占面积较大的地方入手。家具陈设部分、装修结构阴影的刻画是整个绘画过程中难度较大，也容易出效果的部分，要注意画面的主次关系、远近虚实关系，物体高光、配景的刻画。

此外，我们在画效果图时也可以利用现代水彩画中的一些处理手法。例如，当我们需要画面的留白及硬边（边界清晰）表现时，就可以借助防水胶来完成。见图8-2-1，首先在需要留白的部分涂上防水胶，然后淡淡地渲一遍底色，再涂防水胶，这种处理可以防止边界部分的色彩因叠加而变色，先浅后深、先底后表，重复以上步骤，就可以满足留白部分和对硬边处理的表现。

图 8-2-1　水彩硬边表现

以下通过实例来阐述具体绘图步骤：

绘图步骤 1：在草图的基础上用铅笔在绘图纸上稍清楚地画出透视底图（图8-2-2）。

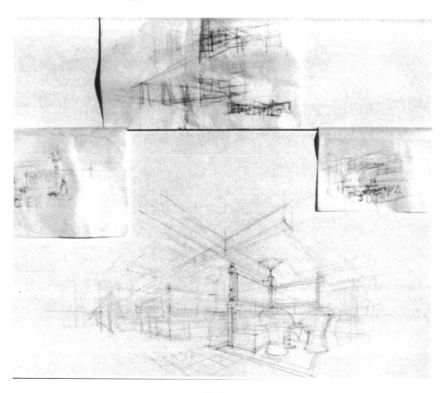

图 8-2-2

简洁构图，变化色调、肌理

绘图步骤2：用 HB 铅笔精细描绘出每个局部（图 8-2-3）。

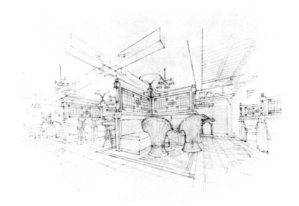

图 8-2-3

绘图步骤3：用一支大号的扁头笔，把地面和棚面用统一的颜色淡淡地铺设出来。在半干的时候用稍重一点的颜色画出地面的倒影（图 8-2-4）。

图 8-2-4

绘图步骤4：把画面主体部分的色彩淡淡地画出来，色彩要用协调的对比色（图 8-2-5）。

图 8-2-5

绘图步骤 5：主体颜色逐渐突出，要由浅入深的刻画（图 8-2-6）。

图 8-2-6

绘图步骤 6：随着主体的进一步刻画，其他部分的色彩也可能忽略，要注意主体和周围环境的衬托和呼应关系（图 8-2-7）。

图 8-2-7

绘图步骤 7：在接近完成这一阶段要特别注意画面的整体协调，随着色彩的层层叠加，要保持色彩的纯度，否则容易灰暗，细部刻画要在整体和主题突出的情况下进行（图 8-2-8）。

图 8-2-8

最终完成效果图（图 8-2-9）。

图 8-2-9

效果图图例（图 8-2-10～图 8-2-13）。

图 8-2-10　别墅客厅设计

图 8-2-11　卧室设计

图 8-2-12　餐厅设计

图 8-2-13　餐厅设计

参 考 文 献

素描部分：

[1] 赵君起. 设计素描. 沈阳：辽宁美术出版社，2002

[2] 顾大庆. 设计与视觉知觉. 北京：中国建筑工业出版社，2002

[3] 章利国. 设计艺术美学. 济南：山东教育出版社，2002

[4] 任仲泉. 设计构成空间. 南京：江苏美术出版社，2002

[5] 吴卫. 钢笔建筑室内环境技法与表现. 北京：中国建筑工业出版社，2002

[6] 田旭桐. 线描装饰画画法. 长沙：湖南美术出版社，1999

[7] 杨维、杜宝印、于稚南. 建筑速写. 哈尔滨：哈尔滨工业大学出版社，2002

[8] [美]欧内斯特·W·沃特森. 铅笔风景画技法. 北京：中国青年出版社，2000

[9] [美]诺曼·克罗、保罗·拉塞奥. 建筑师与设计师视觉笔记. 北京：中国建筑工业出版社，1999

[10] 周嘉勋. 装饰画. 沈阳：辽宁美术出版社，1999

色彩部分：

[1] 林建群主编. 造型基础. 北京：高等教育出版社，2000

[2] 陈易著. 建筑室内设计. 上海：同济大学出版社，2001

[3] 张为诚、沐小虎编著. 建筑色彩设计. 上海：同济大学出版社，2000

[4] 曲士蕴责编. 室内设计表现图. 北京：中国建筑工业出版社，1996

[5] 王兆明主编. 室内外空间表现图. 哈尔滨：黑龙江科技出版社，1996

[6] Rita Gilbert. Living With Art. 1992

[7] 宫六朝主编. 设计色彩. 石家庄：花山文艺出版社，2002

[8] 宋建明著. 色彩设计在法国. 上海：上海人民美术出版社，1999

色彩部分图片索引：

[1] 林建群主编. 造型基础. 北京：高等教育出版社，2000

[2] 王兆明主编. 室内外空间表现图. 哈尔滨：黑龙江科技出版社，1996

[3] 中望龙腾科技发展有限公司. 中望软件装修设计素材库. 2001

[4] Rita Gilbert. Living With Art. 1992

[5] 王建国、张彤编著. 安藤忠雄. 北京：中国建筑工业出版社，1999

[6] 泪滋兰芷编. 装修配色指南. 居室色彩. 辽宁民族出版社，2000

[7] 宋建明著. 色彩设计在法国. 上海：上海人民美术出版社，1999

[8] 刘东雷编著. 设计色彩配色应用. 江西美术出版社. 机械工业出版社，2003

[9] 刘家琨著. 此时此地. 北京：中国建筑工业出版社，2002

[10] 曲士蕴责编. 室内设计表现图. 北京：中国建筑工业出版社，1996